新时代新父母教育丛书

发展有迹
教育无痕：

儿童心理发展与教育

刘勤学　编著

WUHAN UNIVERSITY PRESS
武汉大学出版社

图书在版编目(CIP)数据

发展有迹 教育无痕:儿童心理发展与教育/刘勤学编著.—武汉:武汉大学出版社,2022.9
新时代新父母教育丛书
ISBN 978-7-307-23227-3

Ⅰ.发… Ⅱ.刘… Ⅲ.①儿童心理学—研究 ②儿童教育—家庭教育—研究 Ⅳ.①B844.1 ②G782

中国版本图书馆 CIP 数据核字(2022)第 133090 号

责任编辑:郭 静 责任校对:李孟潇 版式设计:马 佳

出版发行:**武汉大学出版社** (430072 武昌 珞珈山)
(电子邮箱:cbs22@whu.edu.cn 网址:www.wdp.com.cn)
印刷:武汉市宏达盛印务有限公司
开本:720×1000 1/16 印张:17.5 字数:258 千字 插页:1
版次:2022 年 9 月第 1 版 2022 年 9 月第 1 次印刷
ISBN 978-7-307-23227-3 定价:55.00 元

前　　言

2021 年，被称为元宇宙元年，这样一个之前只是在科幻小说中出现的概念，如今正式进入我们的现实生活。与之相伴的，是非接触文化在生活中的实际渗透。即便我们还不理解元宇宙这样一个虚拟世界，但是，视频电话、在线音乐会、网络订餐、线上购物等多种我们习以为常的生活方式，已经提示我们和之前的传统生活方式相距甚远。这对于数字土著的孩子们来说，是再正常不过的成长环境，两三岁的孩子，对于手机和 Pad 这类智能设备的操作可能比他们的爷爷奶奶都要熟练。可以说，网络技术在诞生后的短短数十年间，已经以人类发展史上前所未有的速度改变着社会生活形态。可是，我们，作为父母、教育者、见证者，是否意识到了这样一个巨大的环境改变给孩子们的成长带来的影响呢？这是我在近几年从事儿童发展与教育、家庭教育以及探索网络技术发展对人类的影响的相关工作时，一直在思考的一个问题。

那么现实是什么样的呢？我记得，我应邀给一个在全省排名非常靠前的高中家长做讲座时，家长们的一个普遍疑问是："以前我们的学习条件不好，环境也很艰苦，甚至每天还要为学费、吃穿发愁，我们尚且能坚持完成学业、努力学习，而现在孩子们的学习条件和环境比我们不知道要好上多少倍，可是好多孩子们不想学习了，这是为什么呢？"作为有着"丰富成长经验"的成年人，我们可能很容易就把我们自己的经验直接套用在孩子身上。事实却是，现在孩子的学习环境，其实远比当年我们面临的要更加复杂，他们要面对的挑战更多。对于需要一定意志力和内在动机来维持的持续性学习行为来说，丰富的物质资源、多元的信息途径、自由的选择环境，不见得就是正性加持的部分，尤其对于自控能力还没有完善的孩子们来说，可能负性作用更多一些。可惜很多家长朋友们意识不到这一点。因此，编写这本书的目的之一，是希望能够帮助父母们看到，现代社会中儿童的成长和教育会面临一些新的问题和困难，希望帮助父母和教育者们更好地理解孩子的成长。

编写此书的第二个目的，也和我们面临的信息环境有关。我是两个孩子的妈妈，从事发展心理学的研究和教育十余年，同时，我还是一个婚姻与家庭治疗取向的心理咨询师和注册督导师。这样一个相对多元的经历让我得以完成一些跨领域的工作，比如，我给心理咨询师们上发展心理学的课程；比如，我可以结合儿童发展规律和家庭治疗实践，完成科学养育的课程；比如，我在科研领域关注正常孩子的心理发展，在教学中还可以给学生们上变态心理学的课程。我以为，我的这些背景、经历已经足够让我去帮助那些需要帮助的人们。直到我遇见了越来越多找我咨询的家长朋友们。很多问题，其实不算是一个问题，很多症状，在我看来也是很正常的发展现象。但是我的解释似乎不足以打消家长们的疑虑或者焦虑。很多家长会说，网上某个文章说……有个专家说……或者，我的一个朋友告诉我……现在这个信息社会，我们有无数的途径可以获得海量的信息、接触到权威的专家、发现很多我们以前不知道的问题或者症状。而信息引擎、门户网站、社交软件，会根据我们的阅读内容、浏览轨迹、点击记录来不断优化对我们的内容推荐，最终我们会读到越来越多的类似问题，引发我们越来越多的育儿焦虑。因此，我很想能够系统地梳理一下儿童心理发展规律，同时能够从更加实用的角度，给家长和教育者们提供建议。

从社会层面来说，儿童的发展和教育是人类永恒的话题。对于现今新一代的父母而言，他们对于追求科学育儿、了解儿童心理有着前所未有的热情和求知欲。但与此同时，由于缺乏专业知识和实践经验，他们在"如何更好地教养孩子"这门学问上有时也显得有心无力，四处求助。另一方面，对于教育工作者而言，时代的发展对他们的专业能力提出了更高的要求，增强儿童心理健康服务能力，提升儿童心理健康水平成为"学校-家庭-社会"关注的重要课题。

出于对时代发展和现实需求的关注，《发展有迹　教育无痕：儿童心理发展与教育》一书将通过介绍儿童发展心理学的经典理论和重要研究，阐述儿童心理与发展过程的基本规律，全面反映儿童成长与发展的体系。本书集理论、研究和应用于一体，试图构建一个儿童成长与发展的基本知识框架。具体而言，全书的写作体系可划分为三个部分：基本理论和影响因素（第1~2章）、典型领域的儿童心理发展（第3~9章）、儿童心理发展与教育的指导（第10章）。本书既有横向剖面的、聚焦不同发展层面的内容介绍，又有纵向维度的、关注各年龄阶段里程碑的知识讲解。

- 第1章基于心理学经典理论的不同视角探讨了儿童发展心理学的基本理论问题：先天与后天、遗传与环境、阶段与连续；
- 第2章从生物层面、心理层面和社会层面介绍了影响儿童心理发展的重要因素；
- 第3章梳理了儿童感知觉、注意和运动技能发展的重要理论和研究；
- 第4章重点介绍了不同理论下的语言习得和发展，并呈现了儿童语言发展的重要里程碑；
- 第5章介绍了儿童的信息存储、记忆容量、遗忘和记忆策略；
- 第6章主要探讨了描述和解释智力分类与发展的不同理论观点；
- 第7章介绍了有关情绪产生的原因以及情绪理解发展规律的理论；
- 第8章从自我认识、自我体验和自我控制等方面梳理了儿童自我的发展；
- 第9章主要介绍了儿童性别图式、观点采择、道德水平和信息加工等社会性发展；
- 第10章从整合的视角总结了如何在现实情境中运用理论知识，解决具体问题。

　　为了便于读者更好地理解和阅读，本书采用了较为统一的章节格式。每个章节一般包括理论介绍、研究支持、理论应用和应用案例等内容。"理论介绍"部分阐述该理论的主要思想和观点，帮助读者了解理论的含义；"研究支持"部分呈现了该理论下的重要心理学研究，详细介绍了研究流程和结果，加深读者对该理论的理解和认识；"理论应用"部分将理论内容与现实生活相结合，提出切实、有效、科学的实践指导，为读者应用理论知识提供参考；"应用案例"部分介绍运用该理论的实践案例，并进行简要点评帮助读者进一步理解该理论的实际意义和应用原理。为了拓展读者的视野，本书还加入了拓展阅读内容和章末的总结延伸，通过有序衔接引入其他理论性或实践性的资料，同时进一步总结各章的核心内容，帮助读者进一步明晰该理论的专业内涵和现实实践，实现学术严谨性、内容可读性和应用指导性的有机结合。

　　总之，通过全面的、整合性地介绍儿童发展心理学领域的理论观点，本书旨在从理论和实践的角度为儿童家长、教师等提供切实、有效、科学的指导意见。我们希望这本书能够为读者所喜爱，更希望这本书的出版可以为广大读者了解儿童心理发展与教育提供专业化、可参考的内容资源。

　　在本书的编写过程中，我的两个研究生，吴佳荫和沈宇波同学付出了大量的时间和精力进行了书稿内容的整理完善和格式的校对修改。也要感谢华中师范大学家庭教育研究院的党波涛老师和武汉大学出版社的郭静编辑为此书出版提供的推进和帮助。

　　最后，要感谢所有为儿童发展和教育研究做出贡献的国内外专家学者，因为你们我们才有可能在前人的基础上进行梳理总结。同时，如果书中存在错谬之处，也恳请专家和读者给予批评指正。

刘勤学
2022 年 6 月

目 录

第一章　儿童心理发展基本理论　／001

第一节　孩子如同白纸，等待经验书写
　　　　——华生的环境决定论　／001

第二节　强化与惩罚，可塑的儿童发展
　　　　——斯金纳的强化理论　／006

第三节　认知发展，阶段可循
　　　　——皮亚杰的认知发展理论　／010

第四节　环境中的我们
　　　　——布朗芬布伦纳生态系统理论　／017

第五节　生物性即命运
　　　　——弗洛伊德性心理阶段　／021

第六节　不同阶段，不同发展任务
　　　　——埃里克森的心理社会理论　／026

章末总结与延伸　／030

第二章　儿童心理发展的影响因素　／035

第一节　左脑逻辑，右脑艺术
　　　　——大脑单侧化优势理论　／035

第二节　重要的时机

　　　　——关键期理论　　　　　　　　　　　　　　　/ 041

第三节　父母教养影响儿童性格

　　　　——父母教养方式理论　　　　　　　　　　　/ 043

第四节　适当期望，助力发展

　　　　——期望效应　　　　　　　　　　　　　　　/ 048

第五节　在玩中学，在游戏中成长

　　　　——现代游戏理论　　　　　　　　　　　　　/ 050

章末总结与延伸　　　　　　　　　　　　　　　　　　/ 053

第三章　儿童感知觉与运动发展　　　　　　　　　　　/ 058

第一节　不断完善的感官

　　　　——早期感觉的发展　　　　　　　　　　　　/ 058

第二节　知觉是进化适应的结果

　　　　——知觉学习理论　　　　　　　　　　　　　/ 061

第三节　有限的注意资源

　　　　——注意的中枢能量理论　　　　　　　　　　/ 065

第四节　在环境中逐步成熟

　　　　——儿童的动作发展　　　　　　　　　　　　/ 068

第五节　重要发展里程碑

　　　　——感知觉与运动发展　　　　　　　　　　　/ 072

章末总结与延伸　　　　　　　　　　　　　　　　　　/ 081

第四章　儿童语言发展　　　　　　　　　　　　　　　/ 085

第一节　在模仿与强化中习得语言

　　　　——语言学习论　　　　　　　　　　　　　　/ 085

第二节　儿童拥有与生俱来的语言能力
　　　　——语言先天论　　　　　　　　　　　/ 088

第三节　语言是各因素复杂作用的结果
　　　　——语言交互作用论　　　　　　　　　/ 090

第四节　重要发展里程碑
　　　　——语言发展的过程　　　　　　　　　/ 093

章末总结与延伸　　　　　　　　　　　　　　　/ 098

第五章　儿童记忆发展　　　　　　　　　　　　/ 103

第一节　大脑就像一台电脑
　　　　——阿特金森和希弗林的多重存储模型　/ 103

第二节　神奇的数字"7±2"
　　　　——儿童的短时记忆容量　　　　　　　/ 109

第三节　遗忘的规律
　　　　——艾宾浩斯的遗忘曲线　　　　　　　/ 114

第四节　选择最有效的策略
　　　　——西格勒的适应性策略选择模型　　　/ 118

第五节　重要发展里程碑
　　　　——记忆发展的过程　　　　　　　　　/ 123

章末总结与延伸　　　　　　　　　　　　　　　/ 125

第六章　儿童智力发展　　　　　　　　　　　　/ 130

第一节　智力包含三种成分
　　　　——斯滕伯格智力的三元理论　　　　　/ 131

第二节　智力并非只有一种
　　　　——加德纳的多元智力理论　　　　　　/ 135

第三节　高情商的重要性
　　　　——萨洛维和梅耶的情绪智力理论　　　/ 141

第四节　创造是一种投资
　　　　——斯滕伯格和洛巴特的创造力投资理论　　/ 145
第五节　智力因人而异、因年龄而异
　　　　——智力的发展与个体差异　　/ 151
章末总结与延伸　　/ 157

第七章　儿童情绪发展　　/ 163

第一节　别被片面的认知左右情绪
　　　　——阿诺德和拉扎鲁斯的认知评价情绪理论　　/ 163
第二节　理解是无障碍交流的基础
　　　　——情绪理解的发展　　/ 168
第三节　每个孩子都是不一样的
　　　　——托马斯的婴儿气质类型　　/ 174
第四节　依恋对象作为儿童探索的安全基地
　　　　——艾斯沃斯的儿童依恋类型　　/ 180
第五节　重要发展里程碑
　　　　——情绪发展的过程　　/ 185
章末总结与延伸　　/ 195

第八章　儿童自我发展　　/ 200

第一节　由表及里，由分化到一致
　　　　——儿童自我认识的发展　　/ 200
第二节　保护儿童的自尊性
　　　　——儿童自我体验的发展　　/ 206
第三节　儿童也有深谋远虑
　　　　——米歇尔延迟满足的两阶段模型　　/ 211
第四节　我将会成为什么样的人
　　　　——自我同一性的形成　　/ 215

章末总结与延伸　　　　　　　　　　　　　　　　　　/ 219

第九章　儿童社会发展　　　　　　　　　　　　　　/ 223

第一节　把性别信息装进图式
　　　　——马丁和哈弗森的性别图式理论　　　　　　/ 223
第二节　站在他人的角度看问题
　　　　——塞尔曼的观点采择发展阶段理论　　　　　/ 230
第三节　从服从权威到遵从内心
　　　　——柯尔伯格的道德发展阶段理论　　　　　　/ 234
第四节　敌意的攻击者
　　　　——道奇的社会信息加工模型　　　　　　　　/ 238
章末总结与延伸　　　　　　　　　　　　　　　　　　/ 242

第十章　整合多方资源，共助儿童成长　　　　　　/ 246

第一节　当好孩子的第一任老师
　　　　——父母培养循循善诱　　　　　　　　　　　/ 246
第二节　成长路上的引路人
　　　　——老师教育春风化雨　　　　　　　　　　　/ 251
第三节　做孩子最坚实的港湾
　　　　——家校合力共育未来　　　　　　　　　　　/ 255

参考文献　　　　　　　　　　　　　　　　　　　　/ 263

第一章　儿童心理发展基本理论

儿童发展心理学是发展心理学的一个重要分支，研究从出生到青年前期(0—18岁)心理的发生发展规律及其特征。一般认为，儿童发展心理学包括以下基本理论问题：发展是主动的还是被动的？心理发展是连续的还是分阶段的？发展是先天的还是后天的？遗传与环境哪个更重要？本章涉及的相关理论围绕这几个基本问题展开。华生(J. B. Watson)的环境决定论认为，儿童的心理发展是由环境决定的；斯金纳(B. F. Skinner)的强化理论提出儿童的发展是可以通过强化作用塑造的；皮亚杰(J. Piaget)的认知发展理论指出，儿童的认知发展是分阶段的；布朗芬布伦纳(U. Bronfenbrenner)的生态系统理论则重视心理发展与生态环境的关系；弗洛伊德(S. Freud)的心理性欲阶段理论强调，心理的发展是心理性欲的发展；埃里克森(E. H. Erikson)的心理社会发展阶段理论认为，人格的发展是一个渐进的过程。各种理论从不同的视角探讨了儿童心理发展的基本问题，对我们研究和理解儿童的心理发展具有指导作用。

第一节　孩子如同白纸，等待经验书写
——华生的环境决定论

影响人发展的因素是什么？是先天遗传因素还是环境的力量？环境决定论认为，儿童所有的心理发展都是环境塑造的结果。美国行为主义心理学派的创始人华生就是环境决定论的典型代表。他认为教养就是一切，完

全否定了儿童本身的素质、年龄特征以及内部状态的作用，并在研究报告中宣称："给我一打健康的婴儿，并在我自己设定的特殊环境中养育他们，那么我愿意担保，可以随便挑选其中一个婴儿，把他们训练成为我选定的任何一种专家——医生、律师、艺术家、商人、或者乞丐、窃贼。"①

一、理论介绍

华生作为行为主义之父，他提出有关人类发展的结论应该基于可观察的外显行为，而不是基于不可观察的无意识动机或认知过程的内省。基于该基本假设，华生的主要观点包括以下几方面：

(一) 否定遗传的力量

华生认为行为是刺激与反应联结的形成过程，行为的反应（R-Response）是由刺激（S-Stimulus）引起的，刺激来自于客观而不是遗传，天性或遗传对儿童发展的影响几乎是微乎其微的。儿童没有天生的倾向性，他们的发展完全取决于养育环境和父母或者生活中的其他重要他人对待他们的方式。

(二) 夸大环境和教育的作用

华生指出环境和教育是行为发展的唯一条件。他认为儿童的心理发展是行为模式与习惯的逐渐建立和复杂化，是一个量变的过程，因而并不体现出阶段性。华生十分重视学习，并提出了"教育万能论"。他认为，学习的决定条件是外部刺激，外部刺激是可以控制的，因此不管多么复杂的行为都可以通过控制外部刺激形成。

华生主张研究行为，建立了著名的"刺激——反应"公式，采用实验法对儿童心理进行实证研究，在使心理学客观化方面发挥了巨大作用。但是

---

① ［美］约翰·布鲁德斯·华生：《行为主义》，李维译，北京大学出版社 2012年版，第124页。

他排斥对中间心理过程的研究，无法解释个体高级心理过程的发展机制，否定儿童自身在发展中的主动性和能动性，这是一种片面夸大教育和社会环境在儿童心理发展中的作用的观点。

(三)人格是习惯的派生物

华生认为习得的外部刺激和可观察的反应之间的良好联结(习惯)是人类发展的基石。他指出，人格是在环境的影响下形成，因此其可以发生改变，而彻底改变人格的唯一途径就是通过改变个体的环境来重塑个体，形成新的习惯系统，人格也由此得到改造。

二、研究支持

为了验证儿童的可塑性，华生及其助手(Watson & Rayner，1920)进行了心理学史上极具影响力的一次实验，该实验揭示了婴儿是如何形成对恐惧的条件反射的。

实验对象是一个名叫阿尔伯特(Albert)的小男孩，他是一名 9 个月大的身心健康的孤儿。实验开始时，实验人员把一只白鼠放在他身边，一开始他对白鼠很感兴趣并试图触摸它。在他正要伸手时，实验者突然敲响铁棒发出巨大的噪音，突如其来的巨响使阿尔伯特十分惊恐，小阿尔伯特被噪音吓哭了。这一过程重复了三次。一周以后，重复同一过程。在白鼠与声音配对呈现七次后，当白鼠单独出现时，阿尔伯特也会表现出极度恐惧。他看到白鼠就号啕大哭，转过身去，躲避白鼠。在这个实验中，白鼠成为剧烈声响的替代刺激，引起了阿尔伯特的条件反射。

随后，研究者发现阿尔伯特对白鼠的恐惧泛化到了许多相似事物上：他不仅怕白鼠，还怕其他毛茸茸的东西，如兔子、皮大衣、绒毛玩具娃娃等。实验还发现，在条件反射的情绪反应中，习得的情绪可以从一种情境迁移到另一种情境，即阿尔伯特对上述事物的恐惧在实验室情境以外也能被观察到。那么，阿尔伯特新习得的情绪反应是否会持续一段时间呢？停止所有测试 31 天后，给阿尔伯特呈现白色毛皮大衣、白鼠、白兔等，他仍对这些东西感到恐惧。

实验表明，恐惧这一复杂的内在情绪是可以通过建立条件反射逐渐形成的，并且还可以迁移和泛化到相似的物体上。当然，这一恐惧情绪实验存在方法学上的缺陷，并且违反了伦理道德，但却是心理学中最重要的研究之一，它有效地证明了情绪行为是可以通过条件反射习得的。

三、理论应用

华生(1928)认为父母对儿童将成为什么样的人负有很大责任。因此他提醒父母要重视儿童的早期教育，通过合理、有序的早期训练促进儿童发展。基于华生的理论和观点，其给予儿童教育的启示主要体现在以下几个方面：

(一)有利的环境

首先父母和教师要营造和谐、安定的成长环境，让孩子在良好的环境中成长。

(二)良好的示范

父母和教师要以身作则，不断提高自身素质，为孩子树立良好的榜样。

(三)习惯的养成

华生认为积极培养儿童良好的习惯并形成习惯系统是教育的重要内容之一。家庭、学校、社会都要注重学生良好习惯的培养。

(三)条件反射的运用

学习是重要的决定因素，教育者要合理运用条件反射的原理塑造儿童的良好行为。

"如果希望培养儿童良好的习惯就应该少娇惯孩子。把他们看作是年轻的成年人……你的行为要保持客观而坚决。不要拥抱或亲吻他们，不要让他们坐在你的膝上……早晨与他们握手。如果他们非常好地完成了一项困难的任务，可以轻拍他们的脑袋，鼓励一下……一周之内，你就会发现做到完全客观是这么容易……（不过）要和蔼。你会为以前对待孩子的那种脆弱、敏感、令人厌恶的方式而感到羞愧。"

——华生

💬 拓展阅读

如何培养孩子的良好行为习惯

1. 从孩子的日常生活抓起。良好的行为习惯是在长期的生活里逐渐形成的，它贯穿于孩子生活的各个方面。家长应善于抓住生活的各个环节。比如，孩子良好的卫生习惯是在他饮食、起居等活动中逐渐养成的；文明礼貌习惯是孩子在待人接物的过程中培养的；爱学习的习惯往往是在游戏中形成的；爱劳动的习惯是在自我服务和为他人服务的过程中培育的。

2. 调动孩子的积极性、主动性。培养孩子良好的行为习惯就要把孩子本来不自觉的行为转化为有意识的自觉行为。家长需要细微地观察孩子，了解孩子身心发展的规律和性格特点，并善于抓住教育时机。发现孩子无意中表现出良好行为时家长应立即给予称赞以强化孩子的这种行为。

3. 统一要求，默契合作。家庭、学校、社会等不同方向的教育信息和态度应保持一致，相同的教育信息重复地传入孩子的大脑，更容易使孩子形成神经联系，从而养成良好的习惯。

4. 持之以恒，耐心地引导孩子。儿童的习惯具有不稳定的特点，良好的习惯要经过不断的重复，反复地实践才能养成。家长不能要求孩子马上养成许多好习惯，要有耐心，注意方式方法，慢慢引导孩子。

第二节　强化与惩罚，可塑的儿童发展

——斯金纳的强化理论

斯金纳是新行为主义的主要代表人物，操作性条件反射理论的奠基者。他倡导的强化理论是以学习的强化原则为基础理解和修正人的行为的一种学说。斯金纳提出动物和人类往往会重复产生愉快结果的行为，抑制导致不愉快结果的行为。

一、理论介绍

俄国生理学家巴甫洛夫(I. Pavlov)设计了一系列实验。在实验中，他发现随同食物反复给狗一个中性刺激(即一个并不自动引起狗分泌唾液的刺激，如铃声)，狗就会逐渐学会在只有铃声但没有食物的情况下分泌唾液。巴甫洛夫认为，狗对先前刺激(食物)的自然反应(分泌唾液)，通过先前刺激与新刺激间的联结反复出现，从而转移到新刺激(响铃)上。在这些实验基础上，巴甫洛夫提出了经典条件作用(classical conditioning)这一概念。他认为，一个中性的刺激和另一个带有奖赏或惩罚的刺激相结合，可使个体学会对中性刺激作出反应。

斯金纳在华生等人的基础上，提出了有别于巴甫洛夫经典条件反射理论的另一种条件反射理论，建立了自己的行为主义理论——操作性条件反射(operant conditioning)。同经典条件作用一样，操作性条件反射也属于联结式学习，但是这类学习是在行为和结果之间建立联结的。同时，与经典条件作用不同，操作性条件作用中的学习是个体的自发行为。

斯金纳提出了强化的概念及规律，他认为行为的习得与强化有关，强化作用是塑造行为的基础。强化(reinforcement)按其性质可以分为正强化和负强化。正强化又称积极强化，它在个体的行为之后出现，能够提高该行为再次出现的概率，如教师对学生的良好行为给予及时表扬。负强化又称消极强化，是指去除个体不喜欢的东西(比如厌恶事件)，以使这些行为发生频率提高的过程。如学生为了避免老师的批评与责罚，会按时完成老师布置的作业。如果一种行为不再受到强化，它就会逐渐恢复到最初的基础(基线)水平，即消退(extinguished)。如果想要削弱某一行为再次出现的可能性，则需要用到惩罚(punishment)。同强化类型的划分一样，惩罚也可以分为正惩罚和负惩罚。正惩罚是指当不适当的行为出现时给予个体厌恶的刺激，如司机闯红绿灯会受到罚款扣分等惩罚。负惩罚是指儿童出现一个不适当行为时，去掉原有喜好的刺激，以此减少不适当行为出现的概率，如员工迟到后就无法得到全勤奖。某刺激起到强化还是惩罚的作用取决于个体本身，对一个人的强化对于另一个人来说可能就是惩罚。比如，对于一个喜欢独处的孩子来说，让他(她)待在自己房间里更像是强化，而非惩罚。

虽然斯金纳的实验和理论是以操作性条件反射为中心的，但他认为，儿童心理和行为的发生发展是被动的，完全取决于是否得到外界的强化，被强化的心理和行为就得以保留，没有得到强化的心理和行为则自动消退，儿童没有发挥主观能动性的机会，具有机械主义的色彩。

二、研究支持

为进行动物实验，斯金纳设计了符合操作条件作用学习理论的仪器，即"斯金纳箱"。箱内设有一个杠杆装置和一个食物盘，动物在箱内按一下杠杆，即有一粒食物从小孔口落入小盒内，动物可取食。箱外有装置记录发生的次数和时间。把饥饿的动物放入箱中，动物在饥饿的刺激下不停地活动，产生一系列的行为反应(R)，其中偶然出现的按压杠杆的行为会为它带来食物(S)，动物吃完食物后继续活动。偶尔按压杠杆得到食物的"反应——刺激"会继续发生，这种在行为之后出现的刺激对行为本身是一种强化。动物在一次次获得食物奖励的刺激下，逐渐学会主动地反复按压杠杆来获取食物。斯金纳通过实验发现，动物的学习行为是随着一个起强化作用的刺激而发生的，他把动物的学习行为推广到人类身上，认为虽然人类学习行为的性质比动物复杂得多，但也要通过操作性条件反射习得。

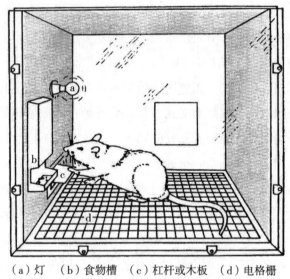

（a）灯 （b）食物槽 （c）杠杆或木板 （d）电格栅

图 1-1 斯金纳箱

（资料来源：陈琦. 教育心理学[M]. 北京：高等教育出版社，2001.）

三、理论应用

斯金纳认为，人的一切行为几乎都是操作性强化的结果，人们有可能通过强化作用的影响去改变别人的行为。这一基本观点为儿童的教育培养提供了新的思路。

（一）强化塑造行为

好的行为可以不断进行强化使其变得更加稳定，不良行为可以运用强化规范并消退不良行为。因此，家长和教师可以对儿童的良好表现进行奖励，塑造儿童新的行为习惯，同时也可以消退取代惩罚，注意不去强化儿童的一般性的不良行为，从而使不良行为得以矫正。

（二）程序教学法

程序教学是指教师依照教学内容的难度，编写适合学生学习的教材。斯金纳设计了一套程序教学的基本原则。（1）小步子原则：把教材分解成一个个小步子，每两个步子之间跨度很小；（2）积极反应原则：对每一学习问题提供反应的机会，提高学习效率；（3）及时反馈原则：每个学生做出反应后给予及时强化，以提升学生的信心；（4）自定步调原则：让学生按自己的速度和潜力学习，强调个体化的学习方式。因此，在教学方面教育者可充当学生行为的设计师和建筑师，把学习目标分解成很多小任务并且一个一个地予以强化，学生通过操作性条件反射逐步完成学习任务。

四、应用案例

姗姗小时候，父母带她外出时，常常随便给她买吃的、玩的。特别是当姗姗哭闹的时候，父母往往会买一些零食、玩具哄她。结果姗姗养成了习惯，一到商店、公园等公共场所，她看见喜欢的东西，就非买不可，否则就大吵大闹，弄得大人很尴尬，只好依从她。一段时间后，姗姗发现每次只要她哭闹不止都会得到想要的东西。父母的举动没有强化姗姗的安静，反而奖励了她的哭闹行为。

那么，如何消除像姗姗这样的孩子的不良行为呢？首先，和孩子约好，和大人去商店如果不闹着买东西，回来就给予奖励，奖励物由孩子自己选择。其次，在商店里孩子又吵着要买东西时，父母要坚持告诉孩子"过几天再买"，以训练孩子延迟满足的心理能力。但事后一定要兑现诺言，取信孩子。如果孩子连延迟满足也做不到，非买不可时，父母必须坚持"不买东西"的约定，要求孩子说话算数，并做到语气坚决、坚持到底，不要因为在乎面子而重新回到强化不良行为的老路上去。另外，在孩子没有吵闹、正常表达合理需要时，应该及时给予支持。

在这一过程中，父母要注意两件事：第一，要学会坚持。父母要坚定立场，不和孩子讨价还价，否则就可能强化父母所不期望的行为。第二，用语言解释自己的行为。如此坚持下来，孩子会变得越来越讲道理，而且听得进道理了。当需要制止孩子的不良行为时，父母也可以心平气和地与之交谈了。

（资料来源：边玉芳，张瑞平．儿童发展心理学［M］．杭州：浙江教育出版社，2015.）

点评：案例中珊珊的父母的做法是现实生活中一些父母的真实写照。当家长为了减少孩子哭闹而给予孩子食物或玩具时，孩子便可能将"哭闹"与"想要的结果"联系起来，从而在不经意间强化了孩子的不良行为。在日常生活的相处中，家长应给予孩子更多关注，了解孩子哭闹背后的真正诉求，妥善处理孩子的情绪问题。对于孩子表现出的不良行为，家长需要保持足够耐心，把握好行为矫正法的实施尺度，逐渐减少不良行为的发生频率直至完全消退。

第三节　认知发展，阶段可循
——皮亚杰的认知发展理论

关于儿童心理的发展，有两种不同的观点：一种观点认为人的发展是连续的过程，就像是爬斜坡一样，这个过程是逐渐的、连续的，本质上是一种量变的过程。另一种观点认为，发展是分阶段的，就像是上楼梯一样，由一系列不同的阶段组成，阶段的变化本质上是认知和行为方式上质变的过程。瑞士心理学家、发生认识论的创始人皮亚杰就是阶段论的典型代表。他创立了全面、系统的认知发展理论，从有机论的角度将认知发展视为儿童试图理解并改造世界的产物，解释了人类获得复杂思维的过程，对儿童发展心理学做出了巨大贡献。

一、理论介绍

皮亚杰认为，认知发展始于一种与生俱来的适应外界环境的能力。儿童通过抓握奶瓶、鹅卵石或探索一个房间的边界，形成对自己周围环境的精确描述，同时也发展出更好的能力来应对周围世界。

皮亚杰认为儿童心理结构的发展涉及图式（schema）、同化（assimilation）、顺应（accommodation）等关键概念，其中图式是最基本且最核心的概念。图式是动作的结构和组织，是个体用来应对或解释某些经验的有组织的思维或行为模式。例如，儿童认为所有会动的物体都是有生命的。按照皮亚杰的观点，随着儿童的成熟，他们获得的更复杂的图式能够帮助他们很好地适应环境。同化和顺应是适应的两种基本的认知过程，两者既相互对立，又彼此联系。同化是使用已有的图式对新的环境信息加以组织，将新经验纳入已有的认知结构。顺应是指调整儿童已有的图式来适应新经验，使新的信息得到更为全面的理解。皮亚杰认为，个体总是依靠同化和顺应来适应环境的。

此外，皮亚杰根据多年来多儿童心理认知发展的研究，总结并提出了认知发展阶段理论，将儿童的认知发展过程划分为四个阶段（表1-1）。

表1-1　　　　　　　　　　**皮亚杰的认知发展阶段**

年龄段	阶段	主要特征	主要发展
0~2岁	感知运动阶段（sensorimotor stage）	婴儿运用感觉和动作探索来获取对环境的基本理解。出生时他们仅有对环境的先天条件反射；在本阶段末，他们有了复杂的感知动作协调能力	婴儿获得对"自我"和"他人"的初步理解，建立了客体永存性，并开始把行为图式内化，生成意象和心理图式
2~7岁	前运算阶段（preoperational stage）	儿童利用符号系统表征和理解环境信息，他们按照客体和事物外在的表现来反应。思维是自我中心的，认为别人理解事物的方式与自己是一样的	儿童通过活动增强想象力，逐渐认识到别人对事物的反应不是总与自己相同的

续表

年龄段	阶段	主要特征	主要发展
7~11岁	具体运算阶段（concrete operational stage）	儿童获得并运用认知运算（该心理活动是逻辑思维的成分）	儿童不再被事物的表面所蒙蔽。他们通过认知运算，能够理解客体的基本属性和联系；通过观察他人的行为和情境，推断他人动机的能力增强
11岁以上	形式运算阶段（formal operational stage）	通过对运算的操作（对思维本身的思考），青少年的认知运算得到了重组，此时的思维是系统和抽象的	逻辑思维不再局限于具体的和可观察的事物。青少年喜欢作假想推断，因此变得相当理想主义。这种系统的、演绎的思维可以使他们考虑问题的各种解决方案并正确作答

在每一阶段，儿童都会发展出一种新的思维方式。四个阶段是随着儿童年龄的增长依次出现的，发展先后次序不变，前一阶段的结构是形成后一阶段的基础，后一阶段的结构是前一阶段的发展延伸。发展阶段不会跳跃和颠倒，是所有儿童认知发展的必经途径。但发展阶段是以认知方式的差异而不是个体的年龄为依据的。

二、研究支持

（一）客体永久性实验

皮亚杰对当时只有7个月大的女儿杰奎琳进行了细致的观察。杰奎琳把一只塑料鸭子掉到了被子上，然后被被子盖住，这样她就看不见鸭子了。尽管杰奎琳清楚地看到她把鸭子掉到什么地方了，但她丝毫没有尝试捡起鸭子。皮亚杰觉得很好奇，于是把鸭子又放到她可以看到的地方，当她就要抓住鸭子的时候他又慢慢地、清清楚楚地把鸭子藏到被单下面。杰奎琳好像以为鸭子消失了，就像之前一样没有试着到被单下面找一找。对皮亚杰来说，这个行为很奇怪——因为当杰奎琳看得见鸭子时，明明对那只鸭子很感兴趣，但只要鸭子从她视野里消失，她就好像完全忘记了一样。直到杰奎琳9~10个月时，皮亚杰才看到她开始寻找那些藏起来的东西。皮亚杰从这个观察以及其他实验中得出结论：刚出生不久的婴儿认为只有看到的东西是存在的，而看不到的东西就不存在了。当婴儿慢慢长大，他(她)会逐渐发现当我们看不见物体的时候，它还会继续存在，也就是在认知上知道了客体的永久性。这个概念需要儿童通过接触和探索世界慢慢掌握。

（二）三山实验

三山实验是皮亚杰证明幼儿存在自我中心倾向的著名实验。在三山实验中，实验材料是一个包括三座高低、大小和颜色不同的假山模型。实验者首先要求儿童从不同的角度观察这三座假山，然后要求儿童面对模型而坐，把一个玩具娃娃放在桌子周围的不同位置，问儿童："娃娃看到了什么?"接着，实验者拿出四张图片，每张图片有着不同的三山模型视角，要求儿童指出哪一张是娃娃看到的"山"。最后，给儿童三张硬纸板，要求儿童按娃娃所见把三座山排好。结果表明，8岁以下的儿童一般不能成功完成任务。大多数6岁以下儿童选择的照片或搭建的模型与他们自己的观察角度一致，而不是娃娃的观察角度。据此，皮亚杰认为幼儿在对事物进行判断时不能从他人的角度看待事物，以此来证明儿童的自我中心性的特点。也有一些研究者通过改进实验，提出当场景是儿童熟悉的、问题也容易让儿童理解时，儿童是能够考虑到别人的观点的。

（三）守恒实验

1. 液体守恒。实验者向儿童呈现两个一模一样的杯子，把两个杯子装入相同数量的液体。在儿童认为两个杯子装有相同数量的液体后，实验者

图 1-2　三山实验

(资料来源：边玉芳，张瑞平. 儿童发展心理学[M]. 杭州：浙江教育出版社，2015.)

需要将一个杯子中的液体倒入一个比较高但比较狭小的杯子里，并问儿童"这个杯子(较高的一个)里的水与这个杯子(比较矮的杯子)的水一样多、较少还是较多"。实验发现，对这个问题，6、7 岁以下的儿童仅根据杯子里水的高度去判断水的多少，而不考虑杯子的口径的大小。而 6、7 岁以上的儿童对这个问题一般都能做出正确的回答。

2. 物质守恒。实验者向儿童呈现两个相同的圆球泥，然后当着儿童的面将其中的一个圆球形压成椭圆形，问儿童"圆形橡皮泥与椭圆形橡皮泥一样多，较少还是较多"。结果表明，7 岁以前的儿童，有的认为圆形的橡皮泥多，有的认为椭圆形的橡皮泥多。而 7、8 岁以上的儿童会认为两个泥球一样多。

3. 数量守恒。实验者先向儿童呈现两排一模一样的纽扣。在儿童同意两排纽扣的数量是一样多之后，将其中的一排纽扣的间距拉开或者是压缩，再询问儿童"两排的纽扣数是否相同"。皮亚杰发现，5~6 岁儿童有时根据长度判断多少，有时会从密度判断多少，但仍未达到守恒。直到 8 岁左右的儿童才能根据一一对应的关系，而不受知觉形状改变的影响，达到数量守恒。

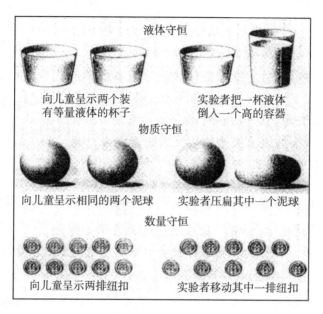

图 1-3 守恒实验

（资料来源：桑标. 儿童发展心理学［M］. 北京：高等教育出版社，2009.）

皮亚杰的守恒实验表明处于具体运算阶段(7~11岁)的孩子基本形成守恒概念，即儿童能够认识到尽管客体在外形上发生了变化，但其特有的属性保持不变。而在前运算阶段的孩子还不具备守恒观念，儿童的思维直接受到他所感知的事物的显著特征所左右，只注意到事物的某种状态，而注意不到由一种状态到另一种状态变化的过程，或者只注意到事物发展的某一个方面，不能同时注意到两个方面。

三、理论应用

(一)教学应符合儿童身心发展的特点

根据皮亚杰的认知发展理论，家长和教师在实施教育之前应了解儿童所处的发展阶段，并根据他们当前的认知水平选择合适的内容和方法。具体而言，对处于感知运动阶段的婴幼儿，家长应该尽可能地丰富生活环境，让孩子接触世界，锻炼他们的视觉、听觉、触觉和动作，掌握生活经验，并通过听、看、模仿等方式让孩子逐渐接触语言和符号信息，形成初步的思维意识。对处于前运算阶段和具体运算阶段的儿童，家长和教师要提供大量的示范案例，通过直观的教具和图像等辅助教学，让儿童在案例中发现规律，在丰富的直观信息中得到启发。对处于形式运算阶段的儿童，可以用命题形式让其进行概念学习，而不必再经历具体实践的环节。

(二)教学应促进儿童的认知发展

教学不仅要适应儿童的认知发展，还应该促进儿童的认知发展。因此，教师应该为学生提供略高于他们现有思维水平的教学，使学生通过同化和顺应过程达到平衡，从而帮助学生发展已有的图式，并建立新的图式。例如，前运算阶段的儿童分类概括能力很低，幼儿园老师可以通过分类训练的游戏来帮助他们。这类游戏能扩大儿童的知识面，丰富他们的词汇，更重要的是能发展他们的概括思维能力。

(三)重视差异，因材施教

不同年龄段的儿童有不同的认知发展阶段，相同年龄的孩子也会因为成熟程度、社会经验的差异而有不同的发展情况。教学内容和方法要考虑到这种差异性，加强个别化教育。教师要了解学生的不同认知发展水平，以保证所实施的教学与学生的认知水平相匹配，让每个学生都能接受符合其身心发展规律的教育。

(四)重视社会交往对儿童认知发展的作用

皮亚杰强调社会交往在儿童认知发展中的作用。他认为与同伴一起学习和讨论可以使儿童有机会了解他人的想法，特别是如果自己与同伴的想法不同，会激发儿童思考。因为同伴之间地位平等，儿童不会简单地接受对方的想法，而会通过比较、权衡，自己得出结论，这有助于儿童去自我中心性的发展。因此，家长和教师要多让儿童接触其他同龄人，增加他们的社会交往，并通过合理的方式引导其在与同伴交往时关注他人，多加思考，促进认知发展。

第四节 环境中的我们
——布朗芬布伦纳生态系统理论

家庭是儿童成长的最初环境，父母是孩子的第一任老师，家庭教育对孩子的发展非常重要。随着儿童进入学前班，他们朝夕相处的对象变成了老师和小伙伴。同伴对儿童人格有重要的影响，如何与同伴友好相处，则需要教师的引导和干预。进一步地，有研究发现虽然父母做了最大的努力，教师也鼓励儿童学习，但同伴对于学业的不重视也会影响到孩子的学习。由此可知，在儿童发展的不同阶段，其都受到环境的影响：小到家庭环境，大到他们所生活的社区，乃至整个社会。而这一情况也与布朗芬布伦纳关于儿童发展的生态系统理论(the ecological theory)不谋而合。

一、理论介绍

布朗芬布伦纳(1979)认为，自然环境是人类发展的主要影响源。根据布朗芬布伦纳的观点，发展中的个体与当前环境之间存在有规律的、主动的双向交互作用，当这种互动过程变得越来越复杂时，就产生了发展。也就是说，个体处在从直接环境(如家庭)到间接环境(如宽泛的社会)的几个环境系统中，每一个系统都与其他系统以及个体交互作用，影响着个体的发展。

布朗芬布伦纳提出了五个环境系统，从最私密的到最一般的环境分别是：微观系统(microsystem)、中间系统(mesosystem)、外层系统(exosystem)、宏观系统(macrosystem)和时序系统(chronosystem)。前四个系统就像层层嵌套的中空圆柱体一样将发展的个体包围在中间。而第五个系统时序系统则为这个模型加上了时间维度(见图 1-4)。

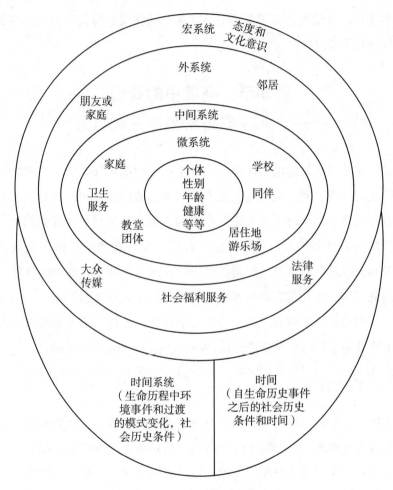

图 1-4　生态系统理论模型

(资料来源：桑标.儿童发展心理学[M].北京：高等教育出版社，2009.)

(一)微系统

微系统是布朗芬布伦纳系统结构的最里层，指个体活动和交往的直接环境，主要包括家庭、学校、职场和邻里环境等。微系统包括与个人直接相关的社会关系，也包括双向的交互过程。例如通过研究微系统既可以了解婴儿如何影响父母的情绪和态度，又可以了解到父母的情绪和态度如何影响婴儿发展。

(二) 中间系统

中间系统是布朗芬布伦纳环境系统结构的第二个层次，指个体的直接环境或者多个微系统环境之间的相互联系和彼此作用。通过对中间系统的研究，我们可以观察到个体在不同环境中的行为方式。例如，儿童可能在家里能够顺利完成作业，却在学校课堂上无法回答有关作业的问题。布朗芬布伦纳认为，如果微系统间建立了较强的支持性关系，发展可能实现最优化，反之，则会导致不良后果。

(三) 外系统

外系统是环境系统结构的第三个层次，指儿童青少年并未直接参与但却影响个体发展的社会系统。例如，父母的工作环境、社区的健康服务等。外系统不直接对儿童起作用，却影响到个体所生活、能够直接接触到的环境，进而影响个体的发展。

(四) 宏系统

宏系统是环境系统结构的最外层，指个体发展所处的大的文化或亚文化环境，如社会文化、习俗、法律、社会伦理、道德、价值观等。宏系统实际上是一个广阔的意识形态，它通过各种方式渗透到个体日常生活中，很大程度上影响着儿童在家庭、学校、社区和其他直接或间接影响的环境中获得经验。

(五) 时间系统

时间系统代表了时间维度，强调儿童随时间发生变化或者发展。生态环境的任何变化都影响着个体发展的方向，环境变化带来的影响也取决于时间变量——儿童的年龄。

二、理论应用

(一)重视家庭的作用

家庭是儿童成长和接受教育的场所,是微系统中最靠近儿童的一层。作为孩子成长的第一个受教育环境,家庭环境和家庭氛围潜移默化地影响着儿童各方面的发展。孩子的成长与父母的教养方式紧密相关。因此,父母应端正自身的行为,创设有利于孩子成长的家庭氛围。

(二)重视学校的作用

学校是对儿童实施有目的、有计划的系统教育的场所。作为微系统中重要的组成部分,学校环境、规章制度、教师以及同伴等对儿童发展都会产生重要影响。学校正式的课程能够传授给学生知识,教会学生运用规则和问题解决策略,促进他们的认知和元认知的发展,而非正式的课程能够促进学生社会认知的发展。学校应以开放的态度和全面的视角,营造和谐健康的校园文化氛围。例如,为了让幼儿在幼儿园有家的感觉,消除其陌生感,教室内可以摆放沙发、圆桌等一些具有家庭特征的小家具。

(三)重视社会的作用

社会是生态系统中最外面的一层,也是整个系统的"指挥者"。它制约着其他层面系统的内容与方式。经济的快速发展和物质生活的丰富为儿童的学习提供了优良的学习环境和丰富的学习资源。多元、开放的社会文化能够有效地激发儿童的求知欲,促进儿童社会性的发展。但如果缺乏必要的引导,一些不良的社会思想观念就会给儿童带来困惑和误导。例如看重物质条件、过度追求物质享受、相互攀比等,不利于儿童形成良好的道德观念和健康的人格。

(四)重视系统的互动性

关注家庭、学校与社会间的合作。根据生态系统理论，布朗芬布伦纳指出，在教育儿童过程中教育工作者应该在家庭和学校之间架起一座桥梁。教师应该促进学生在学校里的学习，父母则应该督促子女在家庭中的学习，学校活动也应与社区活动相融合。

第五节 生物性即命运
——弗洛伊德性心理阶段

弗洛伊德开创了精神分析理论(psychoanalytic perspective)，被称为"精神分析之父"。他作为一名精神科临床医生，通过分析有情绪困扰病人的生活史，构建了自己关于个体发展的理论，他认为潜意识中的驱力通过激发人的行为来塑造人的发展。

一、理论介绍

弗洛伊德指出病人的心理困扰主要是童年时期压抑的性冲突，并由此认为性是最重要的本能。在这里，弗洛伊德将"性"的意义进行了拓展，涵盖了诸如吮吸指头、撒尿等我们认为不属于性的活动。他认为，随着性本能的成熟，性驱力的聚集区域从身体的一个部位流动到另一个部位，每一次转变都意味着性心理发展(psychosexual development)的一个新阶段。具体而言，弗洛伊德将性心理发展划分为五个阶段(见表1-2)。他认为，如果在发展的某一阶段，儿童的性心理得到健康的发展，那么长大后就具有成熟的性行为，能关注家庭生活并悉心哺育下一代。如果不能得到满足，停滞在某一发展阶段，发生固着，或个体受挫折后产生了退行行为，就可能会导致心理疾患的发生。

表 1-2　　　　　　　　　　　　弗洛伊德性心理发展阶段

年龄	性心理发展阶段	描　述
0～1 岁	口唇期	性本能主要集中在口唇，因为婴儿从吮吸、咀嚼、咬等口唇活动中可以获得快感。喂食是特别重要的。例如，婴儿突然断奶或断奶太早，后来可能会过分纠缠配偶或者过分依赖配偶
1～3 岁	肛门期	自发排便是满足性本能的主要方法。大小便训练可能引起父母与儿童之间较大的冲突，父母营造的情绪氛围有持久影响。例如，儿童如果因上厕所时发生的意外而受到惩罚，就可能会变得压抑、肮脏或挥霍无度
3～6 岁	性器期	愉快来自于性器官的刺激，儿童对异性父母有乱伦的愿望(恋母情结或恋父情结)。这种冲突引发的焦虑，会导致儿童内化性别角色的特征以及与之竞争的同性父母的道德标准
6～11 岁	潜伏期	性器期的创伤引起性冲突的压抑，性冲动转移到学习和充满活力的游戏活动中。随着儿童在学校获得更多的问题解决能力和对社会价值的内化，自我和超我继续不停地发展
12 岁以后	生殖器期	青春期的到来唤醒了性冲动，青少年必须学会以社会认可的方式表达这种冲动。如果发展是健康的，婚姻和抚养孩子就能够满足这种成熟的性本能

💬 拓展阅读

人格的结构

　　弗洛伊德的性心理发展理论阐述了人格的三种成分——本我、自我和超我，它们在性心理的五个阶段中发展并逐渐整合。

　　本我与生俱来，它是最底层的人格结构，包含了人们各种本能的需要和欲望等。本我遵循快乐原则，追求满足先天的生物本能(而且必须立即满足)。例如，刚出生的婴儿似乎完全处于本我状态，婴儿饥饿时就只管惊慌和哭泣，直到需要得到满足才停止。

自我位于人格结构的中间层，反映了知觉学习、记忆和推理等儿童正在发展的能力。自我是人格的意识和理性成分，它负责调节本我和超我，遵循现实原则，运用现实手段满足本能。例如，儿童饥饿时会寻找食物，随着自我的成熟，儿童逐渐能够较好地控制非理性的本我，运用现实手段来满足自己的需要。

超我处于人格结构的最高层，它由社会规范、伦理道德等内化而来，遵循道德原则，追求道德化。大约在儿童3~6岁时，超我逐渐出现，在这个年龄段，儿童会把父母的道德观念和规范加以内化(Freud，1933)。儿童能够自觉意识到自己的越轨行为，并为这种行为感到愧疚和羞耻。

在成熟的、健康的人格中，这三个人格成分保持着动态的平衡：本我表达基本需要，自我约束本我的冲动以便有足够的时间去寻找现实的手段来满足这些需要，超我判定自我解决问题的策略在道德上是否可接受。

二、理论应用

虽然弗洛伊德关于人类发展的论述主要源于对精神病人的诊断经验和自我分析，结果并不能推广到大多数人群。但弗洛伊德强调家庭中父母与子女的关系对儿童人格健康发展的重要性，并开创性地提出早期经验对后来发展有决定性影响，这些观点有着重要的应用价值。

(一)满足0~1岁婴儿的基本需要

根据弗洛伊德的观点，0~1岁婴儿正处于口唇期，他们通过吸吮和咀嚼物体获得满足。因此，照料者作为婴儿最初获取安全和情感的目标，其不仅要充分满足婴儿生理上的需要(如吸吮、进食等)，还应与孩子进行亲密接触，使婴儿对周围世界建立基本的信任，顺利地发展下一个阶段的成长任务。

(二)培养1~3岁孩子大小便的习惯

弗洛伊德认为，1~3岁的儿童处于肛门期。如果排便习惯不当，就可能会形成"肛门型性格"，即过分地爱整洁、固执、小气等。因此，对孩子进行如厕训练时家长要耐心引导，注意方法。如果家长对孩子的排便训练过于严厉，则可能使孩子感到压力、紧张，甚至扰乱孩子控制大小便的自然节律。同时，父母也要坚定执行已经制定的规则，以宽容、冷静的态度对孩子进行如厕训练。

(三)对3~6岁儿童进行性教育

3~6岁的儿童处于性器期，这个阶段的儿童可能会发现抚弄自己的生殖器官所带来的快感。在这一时期，儿童还可能经历"恋母"或"恋父"情结，这也是孩子开始理解性的时期。3~6岁时和异性父母之间的关系对个体的性心理发育有着很大的影响。因此，父母需要给孩子提供一个良好的成长环境，当孩子问及有关性的问题时，应向孩子进行合理适当的性知识普及，坦白、诚实地回答孩子的提问，满足他们的好奇心。

(四)注意潜伏期儿童异性交往情况

6岁至青春期，儿童大多对异性的兴趣较不明确，彼此疏远，相互冷漠。这一时期，儿童的兴趣转向外部世界，出现了学习、体育、跳舞、艺术和游戏等替代性活动。因此，在这一阶段，家长可以鼓励孩子与异性进行正常的交往，丰富孩子的个性。

(五)引导孩子学会以社会可接受的方式表达冲动

弗洛伊德认为，青少年处于生殖器期。这一时期，青少年的心理与生理显现出性别特征，两性差异日趋显著，性需求从两性关系中获得满足。

青少年逐渐摆脱父母，积极参加社会活动、寻求异性的爱，最终成为社会化的人。在这一阶段，家长要以合适的方式引导孩子学会以社会可接受的方式表达冲动，告诉孩子基本的青春期生理卫生知识、男女交往的原则和注意事项，同时还应逐渐教给孩子初步的婚恋道德原则。

三、应用案例

火车上，一个3个月左右的婴儿躺在妈妈的怀里，正高度专注地将手往嘴里放。努力地试了好几次，他成功了，顺利地吮吸着他的手，发出很大的"吧唧吧唧"的声音。母亲低下头，满脸笑意地说："不讲卫生！不讲卫生！"一边说着，一边将婴儿的手从他的嘴里拿出来。婴儿突然恼怒地哭了起来，母亲依然笑着说："哦，宝贝你怎么了？哪里不舒服？尿湿了吗？"

（资料来源：孙瑞雪．捕捉孩子的敏感期［M］．北京：中国妇女出版社，2013.）

点评：弗洛伊德认为，0~1岁的是儿童的口唇期，主要表现为儿童喜欢用口来探索世界，通过吮吸、吞咽等方式满足心理和生理上的需求。我们可能永远都无法知道这些究竟给幼儿的是什么样的感觉和认知。但有一点是肯定的：全世界的幼儿都是通过这个过程走向我们这个可触摸的世界，他们是用嘴来打开这个世界的大门的，用嘴来和这个世界建立亲密关系的。这样的一个过程对幼儿的发展是必不可少的，是生命的初始。没有这个阶段，未来的成长就会有很多的缺憾。

因此，当发现孩子将周围的东西放进嘴里尝试时，家长不可盲目阻止，要进行正确的引导。比如，家长可以将干净的牙胶、婴儿专用饼干等适合孩子放进嘴里的东西放到其周围。同时，确保孩子周围物品和孩子小手的干净清洁，也可尝试做一些新鲜的水果蔬菜条等软硬不同的新鲜食物来让孩子尝试，满足其需要。

第六节　不同阶段，不同发展任务

——埃里克森的心理社会理论

尽管埃里克森继承了弗洛伊德的许多观点，但是他在两个方面不同于弗洛伊德。首先，埃里克森(1963)强调儿童是寻求适应环境的积极的、好奇的探索者，而不是父母塑造的受生物力量驱使的被动奴隶。同时，埃里克森也是生命全程观的先驱。相对于弗洛伊德强调童年早期经历对人格产生重要影响的观点，埃里克森始终坚信自我的发展贯穿一生。第二个重要区别是相比于弗洛伊德，埃里克森很少强调性驱力，而是更强调社会和文化的影响。基于这个原因，埃里克森的理论被称为心理社会理论。

一、理论介绍

埃里克森认为，人格在人的一生中不断发展。他从生命全程的角度将人的心理发展分为八个阶段，强调人的社会性的一面，认为发展是社会文化的发展。每个阶段都有一个主要的心理社会任务，埃里克森将其称为人格"危机"（埃里克森后来放弃了"危机"一词，取而代之以"冲突"）。每种危机出现在一个特定的时期，这个时期是由发展中的个体在生命的特定时间点所经历的生物成熟和社会需求决定的。每个特定阶段的发展任务也非常重要，任务解决与否决定了个体后续的发展是否顺利。这些发展任务会随着个体的成熟逐一出现，为了保证自我意识健康发展，人们必须妥善地解决这些问题。

二、理论应用

埃里克森的心理社会发展阶段理论指出，在心理发展的每个阶段中，个体均面临一种发展危机及发展任务。同时，埃里克森也论述了解决这些心理冲突的方法，该理论为父母和教师针对孩子不同阶段的教育提供了理论依据。

表 1-3   **埃里克森与弗洛伊德的人格发展阶段**

大致年龄	埃里克森的心理社会危机	埃里克森的观点	对应弗洛伊德的发展阶段
0~1 岁	基本信任对基本不信任	婴儿必须学会相信别人可以照顾好自己的基本需要。如果照顾者表现出拒绝或前后不一致，婴儿可能认为世界是危险的，这里的人是不可信或不可靠的。主要的社会动因是照顾者	口唇期
1~3 岁	自主对羞耻和疑虑	儿童必须学会"自主"——自己吃饭、穿衣、讲卫生等。如果不能实现这种自立，儿童可能就会怀疑自己的能力，感到羞耻。主要的社会动因是父母	肛门期
3~6 岁	主动对内疚	儿童试图像成人一样做事。试图承担他们能力所不及的责任。有时候，他们的目标或行动与父母及其他家庭成员是冲突的，这些冲突可能使他们感到内疚。成功地解决这个危机要求达到一种平衡：儿童保持这种主动性，但是要学会不侵犯他人的权利、利益和目标。主要的社会动因是家庭	性器期
6~12 岁	勤奋对自卑	儿童必须掌握重要的社会和学习技能。在这一阶段，儿童经常将自己与同伴相比较。如果很勤奋，儿童将获得社会和学习技能，从而感到很自信。不能掌握这些技能会使儿童感到自卑。主要的社会动因是老师和同伴	潜伏期

续表

大致 年龄	埃里克森的心 理社会危机	埃里克森的观点	对应弗洛伊德 的发展阶段
12~20 岁	同一性对 角色混乱	这一阶段是童年向成熟迈进的重要转折点。青少年反复思考"我是谁"。他们必须建立基本的社会和职业同一性，否则他们就会对自己成年的角色感到困惑。主要的社会动因是社区中的同伴	早期生殖器期 （青少年）
20~40 岁 （成年 早期）	亲密对孤独	这一阶段的主要任务是建立亲密关系，与他人结成爱侣或同伴关系（或共享同一性）。没有建立亲密关系会使个体感到孤独或孤立。主要的社会动因是爱人、配偶或亲密朋友	生殖器期
40~65 岁 （成年 中期）	繁衍对停滞	在这阶段成人面对的主要任务是繁衍。他们要承担工作和照顾家庭，抚养孩子的责任。"繁衍"的标准是由文化来界定的。不能或不愿意承担这种责任会变得停滞或自我中心。主要的社会动因是配偶、孩子和文化准则	生殖器期
65 岁以 上（老年 期）	自我整合 对绝望	老年人回想过去的生活，认为是有意义的、成功的、幸福的，或者是失望的、没有履行承诺和实现目标。个体的生活经验，尤其是社会经历，决定着最终的生活危机的结果	生殖器期

（一）人格教育需要抓住关键期

埃里克森的心理社会发展理论强调儿童心理发展的阶段性和敏感期。父母应根据孩子发展的敏感期及不同阶段的发展任务，做出相应的教育和引导。基于埃里克森的理论，0~6岁是人格发展的敏感期。儿童许多优良品格形成的敏感期都在幼儿阶段，且错过便很难建立，此后如想弥补，需要付出很大的努力。因此，父母在这一年龄段要尽量避免与孩子长期分离，多给孩子鼓励和爱，奠定教育基础。

(二)教育必须针对不同年龄段的人格发展特点

在儿童成长的过程中，父母应珍惜与孩子相处的机会，与孩子建立合适的亲子互动方式，保持适度的亲子依恋关系，这对儿童人格的培养是十分重要的。

婴儿早期的主要发展任务是基本信任对不信任，这是儿童人格发展的第一个关键期。在婴儿早期，养育者要与婴儿进行良好的亲密互动，尽量给婴儿以安全、快乐和温暖的生理和心理体验，培养婴儿对外部世界基本的信任、合作、互助态度。家长要经常对孩子作出爱的表示，比如和孩子在一起时对其进行身体的爱抚，如抱孩子、亲孩子，对孩子微笑、发出声音及做出动作给予积极回应等，让孩子感到一切是安全和自然的。

1~3岁的孩子其发展任务是自主对羞怯与怀疑。在这一阶段，家长对孩子的行为要注意掌握分寸，既要给予孩子适度的自由，有意识地引导孩子做各种力所能及的事，提供独立做事的机会，满足其自主要求；也要按照社会要求，适当限制孩子的行为，培养规则意识。孩子取得进步、做出良好行为要及时表扬，让其体验到成功的喜悦，增加自信。引导孩子动脑思考，培养他们知难而进、勇于拼搏的品质。

对于3~6岁的孩子其发展任务是主动对内疚。在这一阶段，应鼓励他们主动参加各种活动，培养他们自主、自信的人格。肯定他们的想象力（尤其不要否定和嘲笑孩子），要耐心解答孩子的问题，满足其好奇心，否则容易使孩子产生内疚感与失败感。同时，还应注意不要将自己的孩子与他人相比，这会无形中给孩子带来压力，造成孩子的自卑感。家长可以通过表扬的方式帮助孩子建立自信。

📝 章末总结与延伸

一、提炼核心

1. 儿童发展心理学包括以下几个基本理论问题：（1）发展是主动的还是被动的？（2）心理发展是连续的还是分阶段的？（3）发展是先天的还是后天的？（4）遗传与环境哪个更重要？

2. 行为主义者华生的环境决定论认为儿童所有的心理发展都是环境塑造的结果。华生的主要观点包括以下几个方面：（1）否定遗传的力量；（2）夸大环境和教育的作用；（3）人格是习惯的派生物。华生及其助手（Watson & Rayner，1920）进行的阿尔伯特恐惧情绪实验证明了情绪行为可以通过条件反射习得。

3. 新行为主义者斯金纳提出了操作性条件反射。他还提出了强化的概念及规律，认为行为的习得与强化有关，强化作用是塑造行为的基础。强化按其性质可以分为正强化和负强化，与强化关系密切的还有消退和惩罚。斯金纳通过"斯金纳箱"发现动物的学习行为是随着一个起强化作用的刺激而发生的，并将其推广到人类身上，认为虽然人类学习行为的性质比动物复杂得多，但也要通过操作性条件反射习得。

4. 皮亚杰作为阶段论的典型代表，认为儿童心理结构的发展涉及图式、同化、顺应等关键概念。皮亚杰的认知发展阶段理论将儿童的认知发展过程划分为以下四个阶段：（1）感知运动阶段（0~2岁）；（2）前运算阶段（2~7岁）；（3）具体运算阶段（7~11岁）；（4）形式运算阶段（11岁以上）。客体永久性实验发现当婴儿慢慢长大，他（她）会在认知上知道客体的永久性。三山实验证明了幼儿存在自我中心倾向。守恒实验表明处于具体运算阶段的孩子基本形成守恒概念。

5. 布朗芬布伦纳的生态系统理论认为，发展中的个体与当前环境之间存在有规律的、主动的双向交互作用，当这种互动过程变得越来越复杂时，就产生了发展。他提出了五个环境系统，从最私密的到最一般的环境分别是：微观系统、中间系统、外层系统、宏观系统和时序系统。他认为每一个系统都与其他系统以及个体交互作用，影响着个体的发展。

6. 弗洛伊德认为性是最重要的本能，随着性本能的成熟，性驱力的聚集区域从身体的一个部位流动到另一个部位，每一次转变都意味着性心理发展的一个新阶段。具体而言，弗洛伊德将性心理发展划分为五个阶段：(1)口唇期(0~1岁)；(2)肛门期(1~3岁)；(3)性器期(3~6岁)；(4)潜伏期(6~11岁)；(5)生殖器期(12岁以后)。

7. 埃里克森认为，人格在人的一生中不断发展。他从生命全程的角度将人的心理发展分为八个阶段：(1)基本信任对基本不信任(0~1岁)；(2)自主对羞耻和疑虑(1~3岁)；(3)主动对内疚(3~6岁)；(4)勤奋对自卑(6~12岁)；(5)同一性对角色混乱(12~30岁)；(6)亲密对孤独(20~40岁)；(7)繁衍对停滞(40~65岁)；(8)自我整合对绝望(65岁以上)。他强调人的社会性的一面，认为发展是社会文化的发展。每个阶段都有一个主要的心理社会任务，埃里克森将其称为人格"冲突"。

二、教师贴士

(一)践行德育教学的理念

1. 以育人为本，以学生为中心。青少年的年龄特点决定了他们不喜欢空洞的说教。要达到较好的教育效果，就要以灵活多样的方法，丰富多彩的形式为载体，让学生乐在其中，学在其中。

2. 以理服人，而不是采用满灌的强制的教学，建立一个良好的课堂氛围，使得思想道德教学有所收获。

(二)参考程序教学法实践操作

程序教学模式启发教师在实际操作中，制定了总体目标后，应依据学生的年龄特点、时代特点或依据客观存在的现象分层次分阶段制定子目标，只有目标具体化，实施起来才更有方向。在实施之前要让同学明确目标；完成后，学生和教师都要及时反馈，使得教师能够及时了解教学效果，找出教学方式的不足，促进其反思，从而提高教学效果。

(三) 正确对待不同阶段的"冲突"

1. 帮助儿童在学习生活中激发兴趣，培养求知欲，勤奋学习。在小学教育中，要重视培养学生勤奋刻苦的学习态度，引导他们体验通过艰辛努力而获得好成绩后的成就感和幸福感。

2. 帮助学生适应集体生活、学习交往，培养合群性、责任感，树立积极的人生观、价值观和良好的品德行为规范。

3. 帮助学生解决学习生活中的各种心理问题，克服自卑，变危机为转机。对于那些在学习上有一定困难的学生，要注意培养其自信心，引导他们使用正确的学习方法去努力学习。当他们获得了一定的进步后，要及时表扬、鼓励，使其充分体验此时内心所获得的快乐。

三、家庭应用

(一) 与学校同步同向，发挥家庭德育潜移默化的渗透力

1. 父母一方面要以身作则，用自己的言行影响孩子，另一方面要引导他们明辨是非。

2. 父母应给予孩子关爱，使孩子自然产生一种受保护感、安全感和幸福感。这种感情上的平衡有利于他们身心健康发展和良好性格的培养。

(二) 参考性心理发展阶段理论关注并参与儿童发展

1. 要注意婴儿"正面的口腔性格"的形成，父母在婴幼儿早期母乳的抚育，要对食物的咀嚼、吞咽等口腔活动给予及时满足。

2. 建立与幼儿自控能力相匹配的便溺训练。父母应该为他们树立一个

与之自控能力相适应的排泄规矩。规定他们不能在公共场合随地便溺。在家里要更好地树立他们这种意识，如果排泄要告知父母或者自己到厕所去。

3. 树立符合社会期望的性别认同。为了规范性别角色行为，表现出符合社会期望的角色。父母在养育孩子的过程中应该根据社会对他们的角色期望来培养儿童的男性/女性行为习惯。

4. 对于处于潜伏期的儿童，要对儿童成功做成某一件事，如独立完成作业、手工制作、通过与同学的合作一起完成老师布置的任务、在家里帮助父母洗碗等要给予及时的鼓励与强化，让他们形成正确的行为习惯。

（三）制定合理的奖惩措施

对于青少年来说，通常表现出想在他们力所能及的事情上引起成人的注意，如果不能用积极的方式获得注意，他们将以消极的方式渴望引起注意。家长在发现青少年出现好的思想、好的行为时要积极关注，及时给予栽培与表扬，以激励他继续保持，提高他们的归属感。当有不良行为或思想时要查其源，给予一定的负强化甚至是惩罚。不论是奖励还是惩罚都要建立在民主的基础之上。

（四）参考认知发展阶段论关注并参与儿童发展

1. 感知运动阶段，要鼓励婴儿多动手、动眼、动脚、动嘴，通过提供玩具、播放音乐和家庭互动等方式给婴儿机会通过各种活动来满足婴儿探索的欲望，促进智力发展。

2. 前运算阶段，家长可通过提供丰富多彩的阅读材料，经常开展阅读活动让儿童感受他人的思想；鼓励幼儿多与其他人对话沟通，幼儿在此过程中会通过对认知冲突的梳理更容易摆脱中心化的状态；引导幼儿进行角色扮演游戏，在角色扮演游戏中幼儿可以以他人角色来思考问题和行动，这样他能够比较自然地改变自己看问题的角度，摆脱自我中心化的状态。

3. 具体运算阶段，在给儿童呈现材料的时候，表现形式要直观形象，材料要符合儿童的切身经验，易于理解；在生活中创设丰富的环境，鼓励儿童通过动手操作、亲自验证等方式对不易理解的概念或问题情景进行理解和探索。

4. 形式运算阶段，家长应注意给学生提供独立思考的机会，注重分析引导解决问题的思路。对于非常抽象或脱离学生生活情境的问题，可选择恰当的教育手段，如提供大量感性材料、运用图形对问题进行表征、动手操作对问题进行演练等手段，引导孩子将问题转化为其可以理解的情景或问题。

四、实践运用

1. 在儿童学习过程中，心理健康教师可以带领他们进行角色扮演，或通过讲述故事的方式引导学生从他人的角度探索并思考问题。

2. 当儿童对学校这种陌生的环境产生消极抵触的情绪时，家长可以为孩子用言语构建美好的校园环境，化解孩子对学校环境枯燥无味的误解。另外，家长也可以积极为孩子讲述在学校中的同伴关系。除此之外，在孩子从幼儿园回家后，家长可以用物品奖励的方式来犒赏幼儿一天听话的表现，增强幼儿的成就感和自尊心。

第二章　儿童心理发展的影响因素

儿童心理的发展是十分复杂的，由不成熟到成熟的发展过程受到很多因素的影响。总的来说，影响因素大致可分为生物性因素和社会性因素。儿童的生物学基础决定着儿童发展的可能范围，而儿童所处的环境条件决定了儿童发展的现实水平。遗传与环境、先天和后天这些影响因素在儿童心理发展过程中的作用，是心理学家、教育学家以及遗传学家历来关心的问题。本章主要涉及有关儿童心理发展影响因素的介绍。大脑单侧化优势理论指出，儿童左右脑的功能存在不对称性；有关关键期的研究强调了早期经验对儿童发展的重要影响；鲍姆林德（D. Baumrind）将父母的教养方式分为四种类型，并认为不同的家庭教养方式对儿童心理发展的影响也不同；罗森塔尔（R. Rosenthal）的期望理论指出，他人的期望对儿童心理发展有着重要作用；现代游戏理论认为，游戏是儿童发展的需要，是儿童生活中不可缺少的部分。了解儿童心理发展的影响因素对于我们正确理解儿童心理的发展并揭示其规律是非常必要的。

第一节　左脑逻辑，右脑艺术
——大脑单侧化优势理论

大脑是最高级的脑中枢，从某种程度上讲，儿童发展的过程也是儿童大脑结构和功能发展的过程。大脑由左右两个半球组成，在正常情况下，两半球是协同活动的，进入一侧半球的信息会迅速地通过胼胝体传达到另一侧，统一做出反应。尽管左半球和右半球看上去很像，但是两半球并不具有完全相同的功能。有些任务可能是由左半球完成的，而另外一些任务是由右半球完成的。美国著名神经生理学家斯佩里（R. Sperry）等研究者通过对割裂脑的研究发现，人的大脑左右半球存在不对称性，这为证明大脑两半球功能的差异提供了证据。

一、理论介绍

大脑单侧化是指在大脑某个半球建立特定功能的过程。在高级心理活动中，一侧半球起着另一侧半球起不到的优势作用，这叫大脑半球功能的不对称性。

（一）左右半球功能不同

在语言功能方面，左半球占有显著的单侧化优势，且右利手者比左利手者单侧化程度更高。左半球控制着身体的右侧，主要负责言语、阅读、书写、数学运算和逻辑推理等。右半球控制着身体的左侧，知觉物体的空间关系与情绪、欣赏音乐和艺术等定位于右半球。大脑功能单侧化还包括偏爱使用一侧的手或身体部位，而不使用另一侧的倾向。大多数的成年人使用右手（左脑）书写和执行其他一些动作，而对左利手的个体来说，同样的活动则处于大脑右半球的支配下。

（二）大脑半球功能的逐步专门化、单侧化

在新生儿阶段，大脑就表现出单侧化的倾向，但大脑的单侧化并不明显，这种倾向只是表明两半球在功能上存在量的差异。由于未成熟的大脑并未完全功能分化，幼小儿童通常可以从脑损伤中恢复过来。有研究发现，虽然青少年和成人也可以恢复相当一部分因脑损伤而失去的功能，但是他们恢复的速度和程度很少能比得上幼小儿童。之后，随着年龄的增长，婴儿大脑逐步发育成熟，脑功能日渐专门化、单侧化，这种单侧化最终表现为质的差异。

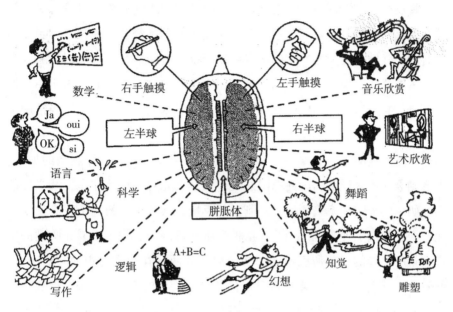

数学　右手触摸　左手触摸　音乐欣赏

左半球　右半球

语言　艺术欣赏

科学

胼胝体　舞蹈

A+B=C　知觉

写作　逻辑　幻想　雕塑

图2-1　大脑单侧化优势示意图

（资料来源：彭聃龄. 普通心理学［M］. 北京：北京师范大学出版，2012.）

（三）脑功能单侧化的性别差异

在大脑发育成熟前，尤其在学龄前，男孩和女孩的智力活动在大脑两半球上的反应部位存在差异。一些科学家研究发现，男婴与女婴在听音乐或听童话故事时用脑的部位恰好相反：女孩的反应部位是脑的左半球，男孩的反应部位是大脑的右半球。一般来说，女孩的大脑左半球神经细胞的生长及髓鞘化的实现比男孩早，而男孩则比女孩完成得快些。因此，女孩说话、阅读都比男孩早，语言能力也较强。

二、研究支持

为了探讨儿童单侧化的发展趋势，加拿大麦吉尔大学的恩图斯（Entous）采用双耳分听法对48名平均年龄在3个月左右的婴儿进行了研究。实验工具为一个带立体声耳机的立体声录音机，在实验中，使用的磁带是特制的，它能同时对左右耳分别呈现冲突的声音刺激。尽管每一只耳朵与大脑两半球都有神经联系，但与对侧半球的神经联系要强些。当在同一时间把强度一样但相冲突的声音刺激分别呈现给左耳和右耳时，哪只耳能够占据优势，取决于哪一侧半球对识别声音更擅长。例如，由于左脑擅长言语，它对所听到内容的觉察通常能在与右脑的竞争中获胜。当给两个耳朵同时呈现非言语刺激时，结果就会反过来，被试会报告出其左耳所听到的声音。这时，右脑略占优势，因为它更擅长于对非言语刺激的加工。考虑到婴儿不会说话，因此恩图斯通过记录婴儿对一种特殊压力感受性的橡皮奶嘴的吸吮频率来测量其对刺激的反应。其耳机中的一个声音发生变化，会使他们加速吸吮。因此，这种吸吮频率的增加是由于婴儿听到的声音数量和类型的变化所引起的。当给婴儿的两只耳朵呈现相冲突的声音，并只改变其中之一时，婴儿将只对优势耳所听到的变化作反应(吸吮频率加快)。在实验中，给婴儿呈现的言语声音有"ma""h"和"da"。非言语声音是录的乐器声。结果显示，79%的婴儿表现出右耳(左脑)在言语方面的优势，71%的婴儿表现出左耳(右脑)在音乐方面的优势。由于这一结果中婴儿左右耳对言语和音乐优势的百分数与对年龄较大儿童和成人的双耳分听法实验的结果非常接近，似乎表明左脑觉察言语和右脑觉察音乐的倾向是天生的。3个月左右大的婴儿，其大脑的较高级皮层和胼胝体尚未完全得到发展。与此同时，对此年龄的婴儿来说，实验所采用的刺激材料，言语和声音不具有任何意义。但是他们的神经回路已经表现出了左脑对言语声音和右脑对音乐的偏好。

进一步地，加拿大麦克马斯特大学精神病学系的威特尔森(S. Witelson)选择了200名智力、身体发育正常而惯用右手的儿童作被试，分成25个组，每组内6~13岁儿童都间隔2岁，要求儿童分别用左右手手指同时摸两个形状不同、眼睛看不到的模型10秒钟，然后挑选出正确的形状。每个儿童测试10次。结果显示，男女儿童在总的正确性上并无差别，但男女儿童左右手得分的比率很不相同。男孩左手的得分比右手高，女孩则无左右手之别。威特尔森认为男孩的左右手得分之所以有别，是因为男孩处理空间信息的右脑半球在 6 岁左右已较为专门化，而女孩的这种专门化要到青春期才出现。

三、理论应用

大脑单侧化直接影响着儿童的生活和学习，是我们开发儿童大脑、开展幼儿教育时需要认识的事实。应该注意的是，大脑两半球功能的单侧化并不是绝对的。近年来的许多研究发现，右半球在语言理解中同样起着重要作用。所以在重视大脑智力开发的同时不能极端化，在开发的同时要注意度的问题。

（一）抓住脑发育关键期进行早期教育

开发大脑潜能在脑的发育过程中存在关键期，脑在这一时期在结构和功能上都具有很强的可塑性和重组能力，容易受环境的影响，容易获得某种知识和行为经验。错过这个时期，一些能力就不可能获得或达不到最佳水平。婴幼儿时期正是脑发育的关键期。因此，我们要在儿童 0~3 岁时就开始进行早期教育，根据儿童神经心理发育的特点，提供丰富的、恰当的环境刺激，来挖掘儿童大脑的潜力，促进其智力发展。

（二）进行合理、全面的教育，平衡地发展左右脑

人的左右脑功能不同，左脑主要负责条理化思维、逻辑思维，右脑负责可视的、综合的、几何的、绘画的思维。开发儿童智能，使左右脑协调并用，充分整合，对儿童今后的整体发展有着重要意义。此外，研究发现，女孩的左半球发展比男孩快，男孩右半球发展比女孩快。相应的，女孩的语言、阅读能力发展较早较快，男孩的空间信息加工能力发展较好。脑两半球发展的性别差异似乎也在现实中得到了印证：女孩的语言类科目成绩较好，如语文、外语，男孩的理工科成绩较好，如数学、物理等。成绩的偏科在一定程度上与脑半球发育差异有关。因此，家长和教师对于学生的偏科不应过于指责，需要有意识地发展男女生的相对弱势半球。

（三）开发右脑，发展儿童的创新能力

被人们称为天才的爱因斯坦曾经说过："我思考问题时不是用语言进行思考，而是用活动跳跃的形象进行思考。当这种思考完成以后，我要花很大力气把他们转换成语言。"也许就是爱因斯坦这种与众不同的"思考"方式，使他比常人更聪明。从儿童开始，右耳优势越来越明显，说明我们的左脑优势越来越明显，但左脑的潜力尚有很多未被开发。对于右利手的儿童来说，右脑是创造力之源。开发右脑是科学家提出来的发展创新能力的途径，甚至提出了"右脑革命"的口号。这里强调右脑的重要性并不是要用右脑思维取代左脑思维，事实上，这也是不能取代的。充分发挥右脑本身直观的、综合的、形象的思维机能作用，并且通过左脑的良好配合，就能不断有崭新的设想产生。开发右脑也可以通过锻炼孩子的形象思维能力，多提供图形、空间等学习材料，进行空间信息处理能力等的训练和培养来实现。

💬 拓展阅读

右脑开发小游戏

1. 配对游戏。可在孩子 1 岁半时进行，家长或教师在桌面上摊开几张字母卡，要求孩子将两张相同的字母卡配对。随着孩子的年龄增长，配对难度增加，成为"归类游戏"。

2. 观察云朵。带孩子观察云朵，启发孩子将不同形状的云朵看成动物、仙女等。

3. 仰望星空。晚上带孩子仰望星空，向孩子讲述神话故事，还可以要求孩子发挥想象力，编一个有关月亮或星星的故事。

4. 发挥想象。如将一组孩子熟悉的动植物的照片或图片用手遮住大部分，留出小部分，要求孩子猜测动植物的名称。

5. 多用左眼、左手和左耳。可以让孩子的脑袋多向右偏转，以训

练"左视野"，还可以让孩子有意多用左手来做事。

6. 综合刺激。综合使用视觉、听觉刺激。

7. 感受新鲜刺激。尽量让孩子不要老走同一条路、只看同一本书、只和同一个伙伴玩。送孩子上幼儿园时不妨经常改变路线，为孩子选择的书本种类多些，同时努力创造条件让孩子有机会结交不同性格和爱好的朋友。

8. 培养各种才艺。如果孩子感兴趣，可以进一步培养孩子在棋类、乐器、绘画、插花、折纸等方面的才艺。

第二节 重要的时机
——关键期理论

奥地利的动物学家洛伦兹(K. Lorenz)曾做过一项非常有名的实验：他在新出生的小鸭子面前摇摇摆摆地走路，发出像大雁一样的声音，并拍打自己的双臂。这些小鸭子便像跟着母鸭学动作一样也跟着洛伦兹学起了这些动作。洛伦兹的研究表明，当刚孵化出来的小鸭子见到第一个活动的物体时，不管这个物体是否和它属于同一物种，它都会本能地学习这一物体的动作。这种现象被称为印刻(imprinting)，洛伦兹认为印刻是一种自发的行为，而且不可逆转。洛伦兹认为，印刻是早期学习倾向的表现：生物体的神经系统已经准备就绪，可以在生命早期短暂的关键期学习特定的知识。

一、理论介绍

习性学家发现，人或动物的某些行为与能力的发展有特殊的时期。如果在此时给予适当的良性刺激，则会促使其行为与能力得到更好的发展；反之则会阻碍发展甚至导致行为与能力的缺失。这一特定时期被称为关键期(critical period)。关键期是指有机体早期生命中某一短暂阶段内，对来自环境的特定刺激特别容易接受或掌握某一种技能的最佳时期。关键期的存在是由人的大脑发展的客观规律所决定的。如果在某一能力发展的关键期进行科学系统的训练，相应的脑组织就会得到理想的发展；如果错过了一些脑功能和脑结构的关键期的相应训练，脑功能的发展就可能受局限。

儿童心理发展的关键期理论强调了早期经验对儿童发展的重要影响。而精神分析学说对于过去经验特别是早期经验的重视与关键期理论是一致的。从这个意义上来说，婴儿期是人的一生发展的基础。心理发展的障碍与婴儿期特别是出生后头一年中的发展缺陷有关。生命中一种损害发生得越早，儿童在成长中弥补这一缺陷的机会越少，成年后所产生的心理障碍就越严重。如果在关键期剥夺儿童的特殊经历，那么他们的生理发育可能出现永久性迟滞。

二、理论应用

人的大脑的构建和发育有自己的时间表，养育者应在婴幼儿学习的不同关键期给予最好的、最丰富的、最适宜的刺激，使他们能够更好的成长。

(一)把握节奏，创设环境

只有了解儿童的发展特点，在相应的关键期里为儿童提供有效的刺激，才能更好地促进儿童发展。例如，为了培养儿童的语言理解能力，家长则可以在语言发展关键期与他们多进行交谈；为了提高儿童空间、运动能力或激情，必须在相应的发展关键期鼓励儿童多跑、多玩。

(二)因材施教，构建生活

家长应根据孩子的自身发展情况，对婴幼儿进行有意义的、真实的、开放的引导，提供多种健康的、丰富的生活和积极的、多样性的、富有营养的、充满刺激的、能产生交互作用的活动与生活，来满足他们多方面发展的需要，使他们在快乐、和睦的氛围下健康成长。

⌓ 拓展阅读

表 2-1 **儿童心理发展关键期(部分)**

年龄段	关键期
1~3 岁	口语学习关键期
4~5 岁	书面语学习关键期
0~4 岁	形象视觉发展的关键期
5 岁左右	掌握数概念的关键期
5 岁以前	音乐学习的关键年龄
10 岁以前	外语学习的关键年龄 动作机能掌握的关键年龄

第三节 父母教养影响儿童性格
——父母教养方式理论

父母是孩子的第一任老师，他们的言行举动对孩子的行为和个性都有潜移默化的影响。大量研究表明，父母的教养方式影响着儿童的社会性、情感和智力的发展，家庭环境对儿童的发展起着至关重要的作用。但在一些家庭中，父母对孩子的教养方式出现了很大的偏差：有的父母教孩子时下手之狠让人痛心，有的父母爱孩子时没有分寸让人费解。不管是"狠"还是"爱"，都会对孩子的人生造成深远的影响。那么父母的教育方式和孩子的个性形成是一种什么关系？父母应该以什么样的教养方式培养孩子形成优良的个性品质？

一、理论介绍

鲍姆林德通过访谈、测验和家庭研究这三种方式提出了教养方式的两个维度，即要求性(命令、控制)和反应性(接纳、反应)。要求性是指家长是否对孩子的行为建立适当的标准，并坚持要求孩子去达到这些标准。反应性是指对孩子和蔼接受的程度及对孩子需求的敏感程度。根据这两个维度，可以把教养方式分为权威型（authoritative）、专制型（authoritarian）、放纵型（permissive）和忽视型（negligent）四种。

表 2-2   父母教养方式的分类

		反应性	
		高	低
要求性	高	权威型	专制型
	低	放纵型	忽视型

（一）权威型父母

权威型父母对儿童有适当的"高"和"严"的要求。根据儿童的发展需要，父母为儿童的行为确定了灵活的指导原则和标准。他们注重孩子的个性，同时也会对孩子施加社会性的限制。他们有信心监控孩子，但也会积极关心孩子的情绪和行为反应以便及时调整，能够了解并尊重孩子的观点，以合理、民主的方式引导孩子，激励孩子自由成长。简言之，权威型父母所营造的家庭氛围是温暖、友善、公正而严格的。拥有权威型父母的儿童在学前期就比较独立、自我掌控和自主，探索性和满意度也最高。在权威型教育方式下，儿童有比较强的自信和自尊，容易形成独立合作、积极乐观、善于社交等良好品质。

（二）专制型父母

专制型父母对孩子要求很严格，强调控制和绝对的服从。他们希望孩子遵从一系列的行为准则，但很少对孩子进行相关的解释，常常依靠惩罚和强制性策略迫使儿童顺从。专制型父母要求儿童无条件服从父母制定的规则和标准，而没意识到要求过高是对孩子个性的一种变相扼杀。他们不鼓励儿童的独立性，不接受儿童的反馈，限制儿童的自主性。假如儿童违背，他们就施以专制且严厉的处罚，比其他类型的父母更加冷漠。专制型家庭的儿童难以感受到家庭的温暖，容易形成对抗、自卑、焦虑、退缩、依赖、孤僻、多疑等不良的性格特征。

（三）放纵型父母

放纵型父母对儿童充满了无尽的爱和期望，尽可能地满足儿童的要求，但很少对儿童提出什么要求或施加任何控制。在放纵型父母看来，对儿童的控制侵犯了儿童的自由，阻碍了他们的健康成长。当他们觉得有必要制定规则时会向孩子解释原因。他们与孩子共同决策，很少责罚孩子。随着年龄的增长，儿童会变得依赖、任性、易冲动、幼稚、冷漠、缺少同情心，做事缺乏恒心和毅力，放任型父母注重自我表达和自我调节。

（四）忽视型父母

忽视型父母更多沉浸在自己的需要中，对儿童的需要置之不理或者不敏感，对儿童漠然、拒绝，缺少对儿童的爱和积极反应。他们很少知道儿童的活动或去向，做决策时很少考虑儿童的意见。忽视型教养方式下成长的儿童往往自控能力差，攻击性强，对人缺乏爱和关心，容易出现不良行为，严重的甚至出现反社会行为。

二、理论应用

家庭是个体最早接触并且终生密切相关的重要环境。通过父母的抚养与教育，儿童逐渐获得了知识，掌握了各种行为规范和社会规范。在儿童心理发展过程中，父母的教养方式无疑起着非常重要的作用。以往研究表明，权威型的教养方式最有利于儿童的健康成长，而专制型、放纵型、忽视型的教养方式都存在不利于儿童的发展的问题。但也有一些研究发现，权威型的教养方式也并不一定能取得最好的效果。因为除父母教养方式之外，孩子的成长还会受到社会文化差异、孩子自身特质等方面的影响。因此，在现实情况中父母根据孩子的性格特点进行因材施教才是最重要的。

(一)父母应以身作则

父母对孩子的影响是潜移默化的。他们的言行、为人处世的观念、态度和方法对孩子有着最为直接的影响。因此，要想取得良好的教育效果，父母应以身作则，严格要求自己，成为孩子的好榜样。比如，父母告诉孩子读书的好处并制订了详细的阅读计划，自己也应养成良好的读书习惯，空洞的说教对孩子的作用是微乎其微的。

(二)形成教育合力

家庭成员及教师在对孩子进行教育时应注意要求的一致性和一贯性。父母教育态度和要求标准不一致时会使孩子陷入混乱，无所适从。因此，在教育过程中父母应互相配合，协调一致。当父母对问题有不同意见时要尽可能避免在孩子面前争执，以免引起孩子内心的不安。同时，父母也应配合教师做好教育工作，形成一种强有力的教育合力，营造一种积极的氛围，为孩子提供有利的成长环境。

(三)提出明确的限制和要求

父母对孩子的要求应该既明确又严格，使孩子知道自己该做什么、不该做什么。在制订规则时，可以让孩子参与并征求孩子的意见。这既可以培养孩子的思考能力和参与意识，又有助于孩子理解父母的要求。父母应提出明确的限制和要求，并坚持要求孩子遵守。父母对孩子的行为要进行指导，但并不是提出或发布命令控制孩子，以免"权威"变成"专制"。

(四)给予关怀，合理表达感情

研究表明，父母表达的积极情感越多，越容易培养出情绪稳定而乐观的孩子。关心爱护孩子与溺爱孩子是完全不同的两回事。关怀孩子需要父母为孩子提供良好的情感环境，尊重并耐心地倾听孩子的观点，积极鼓励他们，以孩子认可的方式加以支持，增强孩子的自信心，并参与到孩子的活动中。此外，父母应学会合理地表达自己的感情，掌握爱和严的分寸，真正的爱应当与无原则的娇惯、溺爱、放纵区分开。

🗩 拓展阅读

父母教养方式的文化差异

鲍姆林德的分类反映的是北美主流的儿童发展观，它可能会对某些文化或社会经济群体起误导作用。在亚裔美国人中，顺从和严厉更多地与关爱、挂念、投入以及维持家庭和谐相联系，而非苛刻和支配。中国的传统文化强调尊重长辈，通过教给儿童合适的社会行为来凸显成人赡养老人的责任。这种义务是通过对儿童坚决而又恰当的控制和管理来实现的，必要时甚至会施以体罚（Zhao，2002）。把西方家庭教育的个人主义价值观与亚洲家庭教育的集体主义价值观相对立可能过于简单化。一项研究对64名日本母亲进行了访谈，其孩子年龄在3~6岁之间（Yamada，2004），结果发现，她们对自己教养方式的描述表明她们在给予适当自主和运用纪律控制之间寻求一种平衡。在私人领域，母亲们让孩子自主决定例如游戏、玩伴、服装等，并且随着年龄的增长，自主决定的范围不断扩大。母亲们也鼓励孩子为自己的行为负责，不要随意改变决定。当涉及健康、安全、道德问题或传统社会习俗时，母亲们就会设定限制或进行控制。遇到矛盾时，母亲们多使用讲道理而非强制命令的方式，有时也向孩子让步，特别是那些不值得一直僵持下去的问题或孩子有可能正确的问题。

三、应用案例

有些家长对子女要求过分严格，一味苛责孩子。小张从小父母离异，他和父亲一起生活。父亲是机械厂的工人，教育方法简单粗暴。只要小张在校表现不好，成绩不佳，父亲就不分青红皂白一顿打骂。长此以往，小张见到父亲就怕，遇到什么事也不与父亲说，在学校沉默寡言，学习成绩一路下滑。见此情况，父亲很着急，在老师的指点下带儿子去看医生，诊断发现小张得了严重的抑郁症。

（资料来源：边玉芳，张瑞平．儿童发展心理学［M］．杭州：浙江教育出版社，2015.）

点评：专制型的家长往往采取苛求、命令、威吓、禁止等手段教育孩子，易使孩子形成胆怯、退缩或粗暴甚至攻击的个性特征，也难以建立起自尊和自信。

第四节　适当期望，助力发展
——期望效应

相传古希腊雕刻家皮格马利翁深深地爱上了自己用象牙雕刻的美丽少女，并期望少女能够变成活生生的真人。他陪伴在雕像左右，每天都含情脉脉地凝视着雕像。日复一日，年复一年。他真挚的爱感动了爱神阿佛洛狄忒，爱神赋予了少女雕像以生命，最终皮格马利翁与自己钟爱的少女结为伉俪。这是古希腊神话中一个美丽的故事，而在现实生活中，心理学家也向我们证实了"期望"的惊人力量。

一、理论介绍

期望效应也称作罗森塔尔效应（Rosenthal effect）或皮格马利翁效应（Pygmalion effect），它指的是儿童在被赋予更高的期望以后往往会表现得更好的一种现象。期望对儿童的行为有着巨大的影响，积极的期望会促使儿童向着更好的方向发展。著名心理学家罗森塔尔借用皮格马利翁这一神话故事的寓意，验证了教师期望的作用。他将课堂中的教师比喻为皮格马利翁，形象地说明了教师的赏识、激励和赞美对学生发展的重要作用。教师对学生的期望越高，学生发展的可能性越大。具体而言，当儿童获得教师的赞美、信任和期待时，他们便会感觉获得了一种积极向上的动力，增强了自尊、自信，希望尽力达到对方的期待，以避免对方失望。而这种状态在一定程度上促进了儿童往积极的方向发展，从而形成教师的积极期望带来学生行为的积极结果。

二、研究支持

1968 年，罗森塔尔教授和雅各布森（A. L. Jacobson）带着一个实验小组走进一所普通的小学，对校长和教师说明要对学生进行"发展潜力"的测验。他们在 6 个年级的 18 个班里随机地抽取了部分学生，然后把名单提供给任课老师，并郑重地告诉他们名单中的这些学生是学校中最有发展潜能的学生，并嘱托教师在不告诉学生本人的情况下注意长期观察。8 个月后，当他们回到该小学时惊喜地发现：名单上的学生不但在学习成绩和智力表现上均有明显进步，而且在兴趣、品行、师生关系等方面也都有了很大的变化。罗森塔尔和雅各布森认为，他们提供的"假信息"最后出了"真效果"的主要原因是"权威性的预测"引发了教师对这些学生的较高期望。教师对学生的较高期望在 8 个月中发挥了神奇的暗示作用，这些学生在接受教师渗透在教育教学过程中的积极信息之后，会按照教师所刻画的方向和水平来重新塑造自我形象，调整自己的角色意识与角色行为，从而产生了神奇的期望效应。同时，实验也发现，低年级的学生比高年级的学生更容易受到期望效应的影响。一般来说，儿童比成人更容易受到暗示，而且这种效应的产生还与暗示者的权威有关，暗示者越具有权威性，被暗示者将产生越强的信任感。

三、理论应用

教师对孩子的积极期待是一种无形的精神鼓舞和力量，能够激发学生的巨大潜力，引导他们健康成长。因此，教师在教育过程中必须重视期望效应，学会积极地期待学生。

（一）创设良好的支持氛围

在教育过程中，教师要以亲切、和蔼的态度、语言和行为为学生创造温暖、和谐的心理氛围，给予学生情感上的支持。这样有利于增进师生间的情感，拉近师生间的距离，营造良好的氛围。

（二）确定合理的期望值

在教育过程中，教师的期望应合情合理，符合国家、社会、学校和个人的需要，符合时代的潮流，对社会和个人的发展具有积极的作用。同时要注意的是，教师要根据学生现有的发展水平和能力，合理确定对学生的期望，确保期望的可行性，并且保持教师的期望与学生的自我期望方向一致，不要把期望变成负担，这样才有利于激发学生的潜能。

第五节 在玩中学，在游戏中成长
——现代游戏理论

我国早期发展心理学家陈鹤琴曾说："儿童好游戏是天然的倾向，近世教育利用这种活泼的动作，以发展儿童之个性，与造就社会之良好分子。"[1]游戏对儿童的认知、社会性和情绪情感等的发展均具有重要的意义。在应试教育思想的影响下，不少父母望子成龙、望女成凤心切，让孩子疲于参加各种培训班、兴趣班和特长班，忽视了游戏的重要性。而心理学领域的研究却发现：游戏是儿童学习和成长的主要形式，能够促进儿童多方面的发展。因此，家长和教师必须重视儿童的游戏。

一、理论介绍

现代游戏理论从不同角度对游戏的作用提供了参考。

---

① 陈鹤琴：《儿童心理之研究》，商务印书馆 1930 年版，第 268 页。

(一) 游戏满足潜意识需求

弗洛伊德认为，游戏是补偿现实生活中不能满足的愿望和克服创伤性事件的一种手段。他强调游戏的发泄和补偿作用，认为游戏为儿童发泄情感提供了一条安全的途径，可以使儿童发挥现实生活中不被接受的危险冲动，缓解心理紧张，同时帮助儿童消除由创伤事件带来的消极情绪，并发展自我力量以应对现实环境。

(二) 游戏提供发展机会

游戏提供了巩固儿童发展结果的环境。皮亚杰指出，儿童通过游戏来完成同化作用，即在游戏中努力使自己的经验适合于先前存在的结构。儿童游戏由儿童的认知水平决定的，游戏本身不能促进儿童的认知发展，而是提供了巩固他们所获得的新的认知结构以及发展他们情感的机会。儿童在学习中获得的知识和技能，在游戏中得到练习和巩固。

(三) 游戏促进多方面发展

中国学者朱智贤认为，游戏是适合于幼儿特点的一种独特的活动方法，也是促进幼儿心理发展的一种最好的活动方式。首先，游戏具有社会性。它是人的社会活动的一种初级模拟形式，反映了儿童周围的社会生活。其次，游戏是想象与现实生活的一种独特结合。它不是社会生活简单的翻版。儿童在游戏中既能利用假想情境自由地从事自己向往的各种活动（如过家家、打针等），又不受真实生活中许多条件的限制（如体力、技能和工具等），既可以充分展开想象的翅膀，又能真实再现和体验成人生活中的感受及人际关系，认识周围的各种事物。再者，游戏是儿童主动参与的、伴有愉悦体验的活动。它既不像劳动那样要求创造财富，又不像学习那样具有强制的义务性，因而深受儿童喜爱。最后，儿童在游戏中学习，在游戏中成长。通过各种游戏活动，儿童不但练习各种基本动作，使运动器官得到很好的发展，而且认知和社会交往能力也能够更快更好地发展起来。游戏还能帮助儿童学会表达和控制情绪，学会处理焦虑和内心冲突，对培养良好的个性品质同样有着重要的作用。

二、理论应用

游戏不仅是儿童的主导活动，也是儿童教育的重要手段。游戏能促进儿童产生意识、思维、想象等高级心理现象，是儿童社会化的最重要途径。但值得注意的是，游戏对儿童身心发展的促进作用不是自然实现的，还需要家长和教师的积极组织和正确引导。

(一)利用游戏开展有效的儿童教育

儿童的思维要借助具体的事物开展，一般而言，传授式的教育对儿童并不适合。而游戏是适合儿童思维水平和特点的活动形式，是儿童最有效的学习手段。在游戏中，儿童能够依靠具体的事物进行思维，积累大量的感性经验，找出解决问题的方法。因此，儿童教育要注意"寓教育于游戏之中"，要让儿童在游戏和游戏化的活动中生动活泼、积极主动地学习，真正成为学习与发展的主体。

(二)给予儿童充足的游戏机会

很多家长和教师并没有真正认识到游戏对于儿童发展所具有的重要作用，成人总是倾向于把自己的意志强加给儿童，把游戏变成变相的"上课"。为了保证儿童愉快且有意义地活动，家长和教师既要确保儿童有充足的自由游戏时间，还应在过渡环节和户外活动中恰当地组织集体游戏活动，让儿童在游戏中快乐成长。

(三)家长和教师应为儿童游戏提供指导

家长和教师在儿童教育中要了解不同年龄儿童游戏的特点，以便提供适宜的指导和帮助。首先，教师和家长应在尊重儿童游戏自主性的前提下为儿童创设丰富多样的、结构合理的游戏环境，以让儿童能感觉到自己是在平等的自然的情景中进行游戏的。其次，在儿童的活动和游戏中，家长和教师要敏锐地觉察"教"的可能性和必要性，选择适当时机介入儿童的游戏并加以引导，激发和支持儿童积极主动地探索、发现、想象和创造。最后，要引导儿童远离那些无聊或有害的游戏。

三、应用案例

幼儿园的谈老师发现，在户外自主游戏中，班上的儿童参与沙水游戏的人数、频率较高，游戏时间较长，那为什么沙水游戏能博得儿童的青睐？基于此，谈老师以男孩潇潇及他的同伴为重点观察对象，进行深入、持续的观察。通过观察，谈老师发现潇潇及同伴对建构越野跑道很感兴趣，于是谈老师在班级里提供沙漠越野赛的绘本、图片、视频、玩具以积累经验……孩子们在沙池里开始了最初的探索，他们用工具反复将沙子压实，挖跑道，用沙子固定积木等。谈老师还与孩子们一同创设了材料超市，投放瓦片、石头、水管、平衡木、碳化积木等低结构的辅助材料。环境创设之后，潇潇及他的同伴们的游戏行为也更加丰富，出现了挖沙、盛沙、运沙（水）、组合材料等行为，挖沙的技能从最初的稚拙慢慢变得娴熟。

（资料来源：谈丽娟. 相信儿童的力量——大班沙水游戏案例分析 [J]. 课内外，2019（12）：58.）

点评： 案例中的谈老师充分相信儿童的自主学习力，及时提供必要的游戏材料，投放相关的认知参考，为孩子的游戏探索提供物质保障和经验储备。在教学活动中，教师应针对幼儿的兴趣所在和发展需要，通过创设丰富多样的游戏环境，寓教育于游戏中，极大地提高幼儿参与的积极性和主动性。

☑ 章末总结与延伸

一、提炼核心

1. 儿童心理发展的影响因素大致可分为生物性因素和社会性因素。大脑单侧化是指在大脑某个半球建立特定功能的过程。在高级心理活动中，一侧半球起着另一侧半球起不到的优势作用，这叫大脑半球功能的不对称性，具体表现为以下几个方面：（1）左右半球功能不同；（2）大脑半球功能的逐步专门化、单侧化；（3）脑功能单侧化的性别差异。恩图斯和威特尔森分别在探讨儿童单侧化的发展趋势方面做出了研究贡献。

2. 习性学家发现，人或动物的某些行为与能力的发展有特殊的时期。如果在此时给予适当的良性刺激，则会促使其行为与能力得到更好的发展；反之则会阻碍发展甚至导致行为与能力的缺失。这一特定时期被称为关键期。关键期是指有机体早期生命中某一短暂阶段内，对来自环境的特定刺激特别容易接受或掌握某一种技能的最佳时期，它是由人的大脑发展的客观规律所决定的。儿童心理发展的关键期理论强调了早期经验对儿童发展的重要影响。

3. 鲍姆林德通过采用访谈、测验和家庭研究三种方式提出了教养方式的两个维度，即要求性（命令、控制）和反应性（接纳、反应）两个维度，并根据这两个维度，把教养方式分为权威型、专制型、放纵型和忽视型四种。这四种教养方式在儿童的心理发展过程中具有十分重要的影响。

4. 期望效应也称作罗森塔尔效应或皮格马利翁效应，它指的是儿童在被赋予更高的期望以后往往会表现得更好的一种现象。罗森塔尔将课堂中的教师比喻为皮格马利翁，形象地说明了教师的赏识、激励和赞美对学生发展的重要作用。而这种状态在一定程度上促进了儿童往积极的方向发展，从而形成教师的积极期望带来学生行为的积极结果。

5. 游戏对儿童的认知、社会性和情绪情感等的发展均具有重要的意义，因此，教师和家长必须重视儿童的游戏。现代游戏理论从以下几个角度对游戏的作用提供了参考：（1）游戏满足潜意识需求；（2）游戏提供发展机会；（3）游戏促进多方面发展。

二、教师贴士

（一）重视左右脑开发

1. 进行合理、全面的教育，平衡地发展左右脑。开发儿童智力应使左右脑协调并用，充分整合，这对儿童今后的整体发展有着重要意义。对于学生的偏科，教师也要给予关注，有意识地促进儿童的相对弱势半球的发展。

2. 开发右脑，发展儿童的创新能力，可通过锻炼孩子的形象思维能力，多提供图形、空间等学习材料，进行空间信息处理能力等的训练和培养来实现。

(二)重视教师期望

有针对性地建立适合学生个性特点的期望目标，形成适度的期望值。教师期望应是动态发展的，应以学生的信息反馈作为调节的杠杆，向学生传递期望的同时密切关注学生变化，观察其是否受到教师期望的正向影响，并通过学生的反馈信息进一步优化期望目标。

(三)保障心理健康课堂中游戏的多样化

1. 适当地定期改变游戏模式和玩具，给儿童不同的审美体验，有助于儿童自主选择能力的培养。另外，要结合儿童的自身特点给予他们相对喜爱的游戏。例如，有的儿童对画画很感兴趣，对色彩极其敏感，教师可以适当地给予他们特长方面的启蒙，挖掘潜力。

2. 随着新课标的推进，在教学时采用绘本教学一定程度上能给课堂增彩，这种教学模式的变化也可以引起学生注意，将绘本与以往教学模式相结合，也可以拓宽学生的思维。

三、家庭应用

(一)抓住脑发育关键期进行早期教育

婴幼儿时期正是脑发育的关键期。因此，父母要在儿童0~3岁时就开始进行早期教育，根据儿童神经心理发育的特点，提供丰富的、恰当的环境刺激，来挖掘儿童大脑的潜力，促进其智力发展。

（二）把握节奏，创设环境

在婴幼儿学习的不同关键期给予最好的、最丰富的、最适宜的刺激。只有了解儿童的发展特点，在相应的关键期里为儿童提供有效的刺激，才能更好地促进儿童发展。例如，为了培养儿童的语言理解能力，家长则可以在语言发展关键期与他们多进行交谈；为了提高儿童空间、运动能力或激情，必须在相应的发展关键期鼓励儿童多跑、多玩。家长应根据孩子的自身发展情况，对婴幼儿进行开放的引导，提供多种健康的、能产生交互作用的活动与生活，满足他们多方面发展的需要，使他们在快乐、和睦的氛围下健康成长。

（三）根据孩子性格因材施教

1. 父母应以身作则。要想取得良好的教育效果，父母应成为孩子的好榜样。比如，父母告诉孩子读书的好处并制订了详细的阅读计划，自己也应养成良好的读书习惯。

2. 形成教育合力。当父母对问题有不同意见时，要尽可能避免在孩子面前争执，以免引起孩子内心的不安。同时，父母也应配合教师做好教育工作，形成强有力的教育合力，营造一种积极的氛围，为孩子提供有利的成长环境。

3. 提出明确的限制和要求。父母在制订规则时应该让孩子参与并征求孩子的意见。同时，要提出明确的限制和要求，使孩子知道自己该做什么、不该做什么。

4. 给予关怀，合理表达感情。父母需要为孩子提供良好的情感环境，尊重并耐心地倾听孩子的观点，以孩子认可的方式加以支持，增强孩子的自信心，并参与到孩子的活动中。此外，父母应学会掌握"爱"和"严"的分寸。

四、实践练习

1. 在心理健康课堂中，将绘本与以往教学模式相结合可以拓宽学生的思维。提倡教师在教学过程中采用绘本教学的模式，尝试观察学生在课堂中的注意力是否与传统教学课堂有所差异。

2. 父母可以对照自己的做法，判断自己对孩子的教养方式，并观察孩子的反应，及时做出合适有效的调整。

第三章 儿童感知觉与运动发展

儿童生活在一个丰富多彩、瞬息万变的世界。随着年龄的增长、大脑发育的逐渐成熟，儿童的感知觉、注意、运动技能等逐渐发展起来，帮助他们不断地认识周围的世界，适应环境。感知觉是儿童与外部世界互动的窗口。婴儿出生后，他们的各种感官不断完善。知觉是以感觉为基础的。吉布森(E. Gibson)认为，知觉的形成依赖于后天对丰富环境刺激的不断学习。注意使儿童能够从环境中接受更多的信息，并觉察到环境的变化，但卡尼曼(D. Kahneman)却提醒人们，注意资源是有限的。除了感知觉，儿童的动作技能也在不断地发展，随着身体控制力和协调性的提高，儿童学会了从爬到走，再到跳。下面我们就具体看看儿童的感知觉和动作是如何发展的吧。

第一节 不断完善的感官
——早期感觉的发展

发育中的脑可以让新生儿充分感受到他们所触、所见、所嗅、所尝及所听的世界，他们的各种感官功能在出生后最初几个月里飞速地发展。

一、理论介绍

(一)触觉和痛觉

触觉和痛觉是胎儿最先获得的感觉。妊娠期第32周，胎儿身体的各个部位都能感觉到触碰（Haith，1986）。在出生第 49 天时，婴儿就已经具有初步的触觉反应，2 个月时能对细而尖的刺激产生反应活动，4 个月以后的婴儿具有成熟的伸手够取物品的能力。而刚出生的婴儿就已经能够感觉到疼痛，在随后的几年内，他们对疼痛的感觉也越来越敏感。美国儿科学会和加拿大儿科学会在 2000 年提出，长时间或者严重的疼痛会对新生儿造成永久性伤害，因此，缓解疼痛对婴儿发展至关重要。

（二）嗅觉和味觉

婴儿的嗅觉和味觉在母体内便开始发展。准妈妈所吃食物的气味和味道会通过羊水传递给胎儿（Mennella & Beauchamp，1996）。胎儿会在子宫内以及出生后的头几天就习得了令其愉悦的气味偏好，而且这些气味通过母乳进行传递，从而进一步强化这种习得过程（Bartoshuk & Beaucham，1994）。

婴儿在很大程度上对特定味道的偏爱是与生俱来的（Bartoshuk & Beauchamp，1994），而这种婴幼儿期所形成的味道偏爱会持续到儿童早期。比起酸味和苦味，新生儿更加偏爱甜味（Haih，1986）。带甜味的水可以安抚哭闹的婴儿，并对足月儿和早产儿都有效。这说明这种安抚效果的机制在妊娠期足月之前就已发挥作用了（Smith & Blass，1996）。此外，有研究者认为婴儿拒绝苦味食物可能是出于另一种生存机制，因为很多苦味物质都是有毒的（Bartoshuk & Beauchamp，1994）。

（三）听觉和视觉

一项研究表明，婴儿在出生三天后就可以对在子宫内听过的故事和未听过的故事做出不同的反应，能够区分母亲的声音和陌生人的声音。这说明婴儿的听觉在出生前就已经开始发展了。在出生后，婴儿的听觉辨别力快速发展，五六个月的婴儿已建立起听觉系统。

视觉是婴儿出生时发育水平最低的一种感觉。新生儿的眼睛比成年人的眼睛小，他们的视网膜结构不完整，视神经也未充分发育。新生儿眼睛的最佳注视距离大约是 30 厘米，通常这恰好是一个人抱着婴儿时其脸部与婴儿的距离。这可能是一种促进母婴联结的适应性措施。婴儿出生后第一个月内，其追踪移动目标的能力和颜色感知能力迅速发展（Haith，1986）。4~5 个月的婴儿已经具备了视觉反应能力以及相应的生物基础，他们能够区分红色、绿色、蓝色和黄色。

二、研究支持

婴儿对声音很感兴趣，尤其是音调较高的女性声音（Ecklund-Flores & Turkewitz，1996）。不过，他们是否能辨认出妈妈的声音呢？德卡斯普及其同事（DeCasper，1980，1986，1991）的研究表明，当听到录音机里传出妈妈的声音时，新生儿吮吸奶嘴的频率比听到其他女性声音时显著增加。事实上，如果从分娩前 6 个星期开始让妈妈经常朗读一段故事，那么孩子出生后每当听到妈妈读这段故事时，他们吮吸奶嘴的速度便会加快，强度也会增加。这些研究很可能表明婴儿出生前能够透过子宫壁听到妈妈的声音。德卡斯普和史宾塞（1994）的研究进一步表明，在妊娠期最后三个月，听妈妈读熟悉的故事和新故事时，胎儿的心跳频率会发生变化。这些研究清楚地表明婴儿对声音的学习在出生前就已经开始了。

三、理论应用

从发展的角度而言，早期感觉的发展为后续复杂的心理功能奠定了基础。早在 20 世纪初，意大利的教育家蒙特梭利（M. Montessori）就提倡幼儿的感觉教育，即从感觉形成知觉，进而形成智力。作为家长，可以有意识地为儿童创造学习环境，提供感觉教育，促进儿童感觉的发展。

（一）明确方法

视觉训练在于帮助幼儿提高视知觉，鉴别大小、高低、粗细、长短、形状、颜色及不同的几何形体。触觉练习则是帮助幼儿辨别物体是光滑还是粗糙，辨别温度的冷热，辨别物体的轻重、大小、厚薄。听觉训练是要使幼儿习惯于区分声音的差别，使他们在听声的训练中不仅能够分辨音色、音高，还能培养初步的审美和鉴赏能力。嗅觉和味觉的训练则是注重提高幼儿嗅觉和味觉的灵敏度。

(二)创设环境

父母作为孩子第一位启蒙老师应主动给儿童的感觉发展创设良好的环境，引导孩子接触新刺激。比如，家长可以在家里准备不同材质物品让孩子触摸，感受不同的触觉刺激。同时，家长还可以多带孩子接触大自然，促进其视、听、嗅等感知觉的发展。

(三)循序渐进

感觉教育的实施应该遵循循序渐进的原则。父母和教师应鼓励幼儿根据自己的能力和需要进行学习，使幼儿在感官训练中通过自己的兴趣去进行自由的选择、独立操作、自我校正，去努力把握自己和环境。

第二节　知觉是进化适应的结果
——知觉学习理论

很多两岁的儿童往往会将猫与狗弄混，不管是看到猫还是狗都会叫它们"汪汪"，因为它们都是毛茸茸的，体型大小也差不多。后来，儿童慢慢发现猫和狗在外形、生活习性、叫声等特征上都存在一些差异。儿童一旦掌握了这种辨别能力，对区分性特征的关注就使得他们能够辨别不同动物。吉布森认为，儿童的知觉学习开始于他们发现动物身上存在这些区别性特征时。

一、理论介绍

(一)知觉是主动过程

吉布森认为，知觉是一个激活了的有机体为了认识世界所表现出来的行为，是一种主动的过程。儿童和成人都能在环境中主动地发现、探索、参与和抽取信息。吉布森特别强调知觉是适应过程，其意义在于有助于有机体在环境中生存和种族延续。

（二）知觉分化理论

吉布森提出的知觉分化理论介绍了儿童的知觉发展。该理论认为感觉刺激已经为儿童解释相应的经验提供了足够的信息。毫无经验的感知者要做的只是从感受到的刺激里找出区别性特征和线索。区别性特征是刺激固有的特征，可以用来区分两个或两个以上事物的差异性。儿童需要从外界环境中提取信息，找出各种事物的重要特征及其相互联系，逐渐学会区分不同事物的关键属性，从而获取稳定、有意义的直接知觉经验。

吉布森认为，对刺激做出精细的辨别所需的信息原本就存在于刺激本身。儿童学会区分专属于不同事物的关键属性，发现这些区别性特征的过程就是他们知觉能力的发展过程。根据吉布森的理论，儿童知觉的形成有赖于后天对丰富环境刺激的不断学习，知觉学习有助于儿童对刺激的反应更加专门化。

（三）知觉生态理论

从生态观点来说，吉普森认为知觉是某一环境向感知者呈现自身功能特性的过程。当有关的环境信息构成对儿童的有效刺激时，必然会引起儿童的探索、判断、选择性注意等活动。这些活动对于儿童利用环境客体的有用功能（觅食安全、舒适、娱乐）尤其重要，儿童只有通过探索和有效地分配注意才能有所发现。

二、研究支持

吉布森和沃克曾进行了一项旨在研究婴儿深度视觉的实验——"视觉悬崖"实验，后来被称为发展心理学的经典实验之一。研究者制作了平坦的棋盘式的图案，用不同的图案构造以造成"视觉悬崖"的错觉，并在图案的上方覆盖玻璃板。将 23 个月大的婴儿腹部向下放在"视觉悬崖"的一边，发现婴儿的心跳速度会减慢，这说明他们体验到了物体深度。当把 6 个月大的婴儿放在玻璃板上，让其母亲在另一边招呼婴儿时，发现婴儿会毫不犹豫地爬过没有深度错觉的一边，但却不愿意爬过看起来具有悬崖特点的一边。通过婴儿对视觉悬崖的反应可测量出婴儿对物体特性的认识。

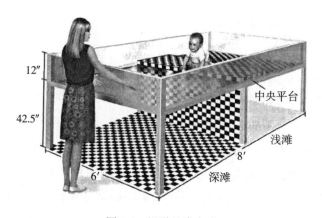

图 3-1 视觉悬崖实验

（资料来源：霍克.改变心理学的 40 项研究［M］.白学军等，译.北京：中国人民大学出版社，2015.）

随后，吉布森及其同事进一步考查了 4~8 岁的儿童是否具有识别相似字母形状的能力。他们给儿童展示了一个标准化的、类似字母形状的视觉刺激及其变形（旋转或反转、直线到曲线、角度变形以及拓扑变换，如线条闭合或断开），然后要求儿童从中找出和标准化形状完全一致的图形。结果表明，4~8 岁儿童的角度变形出错最多（如向左或向右倾斜）；拓扑变换出错最少，变形图形包括线性闭合时（如 F 和 P 的变形），儿童能够识别出类似字母的不同形状；旋转或反转以及直线到曲线的变形出错率居中。所有类型的出错率随着儿童年龄的增长以不同的比率逐渐降低。这表明儿童能够意识到对区分字母形状来说非常重要的特征（即区别性特征），而不需要学习那些对区分形状并不重要的字母特征。随着年龄的增长，儿童越来越善于发现那些原本存在于感觉刺激中的信息。

三、理论应用

根据吉布森的观点和理论，知觉学习开始于儿童能够主动探索外部世界并觉察到刺激的区别性特征时。随着个体的成长，儿童的知觉能力越来越强，对环境刺激的理解越来越准确。吉布森的理论对儿童早期教育，尤其是阅读教育有着重要的启示。

（一）提供丰富的样本，指导儿童多做观察练习

教育者要为幼儿提供大量可以直接感知的观察材料。没有充分的活动材料、玩具，幼儿的活动很难有效开展。幼儿易感知到鲜艳、可以活动、能够发出声音的对象，运用具有这些特点的材料有助于集中幼儿的注意力，提高教育效果。同时，教育者要引导幼儿比较各种物体的形状、大小、颜色等方面的不同，让他们学会从不同的角度认识事物，提高知觉鉴别能力。在观察时，要重视对儿童观察的指导和培养，帮助幼儿明确观察任务，教给幼儿观察的方法，如比较两种事物或现象的相同点和不同点，这有利于提高儿童的学习概括能力。

（二）帮助儿童学会对字母进行区分和分类

尽管儿童在小学入学前可能已经接受一些有关字母的学习，甚至学会了写自己的名字。但5岁前的儿童仍可能会混淆那些类似的字母，如 b 和 d、m 和 w。而儿童对字母进行区分和分类的能力是知觉发展的重要基础，对儿童学习单词及阅读能力的良好发展是必不可少的。因此，教育者应进一步为儿童学习字母，对字母区分和分类提供帮助。

（三）为儿童提供音位技能方面的明确指导

对于学前儿童来说，知觉到字母间的区别性特征以及字母与发音的形音关系是一项艰巨的任务。学习阅读，儿童不仅要学习识别不同字母的视

觉特征，而且要学习字母的发音，这在很大程度上依赖于音位知觉。儿童对音位的知觉能很好地预测儿童未来的阅读成绩。因此，要想促进儿童阅读能力的发展，家长和教师必须关注儿童音位知觉的学习，对其进行明确的指导。

第三节　有限的注意资源
——注意的中枢能量理论

注意是一种宝贵的资源，是外界信息进入人的心灵的大门。无论是我们对事物的感知，还是记忆、思维，都离不开注意过程。注意可以帮助我们选择和过滤环境中的信息，使认识对象更加明确，同时抑制与当前活动相矛盾的或无关的各种影响。那么，儿童的注意又是如何发展的呢？随着认知心理学的发展，心理学家开始从信息加工的角度研究和解释注意现象，并取得了丰富的成果。

一、理论介绍

卡尼曼提出的中枢能量理论是早期关于儿童注意发展的经典理论。该理论将注意看作个体用于执行任务的数量有限的能量或资源，注意水平主要取决于能量或资源的分配方案。资源的分配机制是灵活的，根据人的实际需要来调节与控制，对于自己认为更重要的任务优先加工。

资源分配方案受到下列四个因素的制约：（1）唤醒水平，注意是从唤醒开始的，唤醒与心理资源存在密切联系；（2）当时的意愿，体现了任务的要求和目的；（3）对完成任务所需能量的评价，不仅影响可得到的能量，而且极大地影响分配方案；（4）个人的长期倾向，反映了无意注意的作用，即将能量分配给新异刺激、突然的运动和自己的名字等。在以上四个因素的作用下，所实现的分配方案体现了注意选择的过程和实质。

按照中枢能量理论，只要不超过可得到的资源总量，儿童就可以同时接收和处理两个或多个刺激信息和活动，否则就会因资源的限制而发生干扰，只能处理一种输入。该理论能有效地解释日常生活中看到的一些现象，如一心二用，这是因为这两项任务所需的认知资源未超过个人能量分配的资源总和。

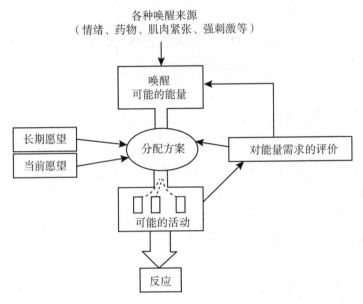

图 3-2 卡尼曼的中枢能量理论模型

（资料来源：边玉芳，张瑞平．儿童发展心理学［M］．杭州：浙江教育出版社，2015.）

中枢能量理论的优点在于以资源分配来取代设于信息加工过程某阶段上的过滤装置或选择机制，可以较好地解释同时进行两个认知作业所产生的复杂状况。该理论虽然在一定程度上能够克服知觉选择模型和反应选择模型的对立，但是其所主张的分配着眼于注意过程整体，没有深入过程内部，而知觉选择和反应选择模型则着眼于过程内部的加工阶段。

二、理论应用

基于中枢能量理论，我们可以通过调控四种因素，把注意的资源更多地分配到学习与生活中，提高随意注意的水平，使儿童养成高度集中注意力的习惯。

(一)提高儿童的唤醒水平

个体的唤醒程度直接影响注意的总资源量，而情绪、药物、强烈刺激等可以作为唤醒的来源。因此，可以从情绪、强烈的刺激物等方面提高儿童的唤醒水平。上课前，教师可以通过做游戏、带领儿童唱儿歌等方式调动儿童的情绪，提高儿童的积极性，将儿童的注意力收回到课堂。教师可在教学中适当地插入游戏，使儿童在玩中学。教师要充分肯定儿童主动回答问题的积极性，尽量挖掘儿童的优点，对每个儿童的进步及时给予肯定，以使儿童体验到学习的成功，培养学习兴趣以及良好的情感态度，促进儿童长时间集中注意，防止因受到干扰而分散注意。

(二)善于运用无意注意的规律

持久性倾向是制约注意分配的关键因素之一，反映了无意注意的作用，如新异的信号、突然的运动或自己的名字等，这些因素比较容易获得注意资源，因此要将这些因素与随意注意的对象相联系。幼儿的注意以无意注意占优势，他们往往被新异的、多变的或强烈的刺激所吸引，容易受无关刺激的影响，使他们的注意远离应该集中的对象上。例如，教师穿着的服饰如果有较多的花饰，则容易分散儿童的注意。在教学中，教师应正确运用语调的抑扬顿挫、语气的停顿以及姿态、表情的变化，所用的教具要色彩鲜明，所用挂图或图片要中心突出，以吸引儿童的注意。

(三)善于组织和发展学生的有意注意

临时性意愿体现了当前情境或任务的要求。在活动前，儿童对活动目的、任务的意义和重要性理解得越清楚，完成任务的愿望就越强烈，那么与完成任务有关的事物就越能引起和保持儿童的有意注意，从而提高活动的效果。因此，在教学中，教师应向学生说明每节课的教学目的，儿童的学习目标越明确，对其理解越深刻，那么听课的时候就越容易产生有意注意，越能够以较高的热情去学习他们期待的内容，从而更有效地在课堂上选择信息，产生更好的学习效果。当然，在明确活动目的、任务的前提下，也要合理地组织活动。例如，教师适当地向学生提出问题，这样既可以检查学生对知识的掌握情况，也有助于学生集中和保持注意力。

（四）减少儿童作业的认知负荷

作业认知负荷过大，会造成注意分散以及对重要信息的选择困难，也会造成容量有限的信息加工系统超载，严重时还会引起烦躁不安的情绪。儿童在有限的时间内加工信息的能力是有限的。对于年幼的儿童来说，让他们一次只做一件事情较为适宜，如果同时做多件事情，会影响注意的有效集中。教学中，教师应充分注意儿童的认知负荷问题，在一定时间内呈现的内容不宜过多，呈现的速度不宜过快。对年幼儿童来说，游戏时不要一次呈现过多的刺激物，更不要出示过多的教具。

此外，父母也要为儿童营造一个有利于集中注意的学习生活环境。孩子房间的东西要摆放有序，不能有太多分散孩子精力的物品。文具要简洁，功能越简单越好，避免孩子将其当成玩具来玩。孩子学习时，父母不要总在边上走动，接打电话、看电视、聊天要控制音量。总之，父母要尽量为孩子创设安静、整洁的环境。

第四节　在环境中逐步成熟
——儿童的动作发展

作家喜欢把新生儿比作"无助的婴儿"，这种描述在很大程度上是因为新生儿缺乏独立移动的能力。但是，婴儿不能移动的状态并不会持续很长时间。在婴儿出生一个月后，婴儿的大脑和和颈部肌肉已经足够成熟，大多数婴儿已达到自己动作发展的第一个里程碑——俯卧时可以抬起下巴，不久以后，婴儿可以逐渐完成伸手够物、翻身以及坐立等。在出生后的第一年里，婴儿在控制自身运动和动作技能方面取得的进步是令人欣喜的。

一、理论介绍

婴儿大部分是先会坐后会爬，然后会站，最后才学会走路。随着婴儿的成长，他们对肌肉的控制能力逐渐增强，按先头后脚，从大肌肉动作到小肌肉动作，从整体动作到分化动作的顺序发展。该发展顺序是符合头尾原则和近远原则的。婴儿的动作发展还遵循由简单的无意识动作到复杂的有意识动作，由粗糙动作到精巧动作的原则。

婴儿动作发展主要包括两方面的内容：行走动作的发展和手运用技能的发展。婴儿最早产生的动作是无条件反射行为。以往研究发现，新生儿可以有多达40种无条件反射活动。同时，他们还具有躲避来物、伸手去够取物体和同步模仿与反应等动作能力。另外，婴儿阶段已经能够从基本的简单动作发展到更复杂的动作协调，不断地改善各种技能，可以通过多种运动的配合去达到目的。

◻ 拓展阅读

表 3-1 　　　　　　　　　　　婴儿早期无条件反射的类型

反射	刺激	婴儿行为	出现的典型年龄	消失的典型年龄
觅食反射	用手指或乳头轻触婴儿的面颊或下唇	转头、张嘴，开始吮吸	出生时	出生后第9个月
紧张性颈反射	婴儿仰卧	将头转向一边，呈现"击剑"姿势，一侧张开手臂和腿，另一侧弯曲	出生时	出生后第5个月
巴布金反射	同时触摸婴儿两侧手掌	张嘴、闭眼、紧张性颈反射，头部倾斜	出生时	出生后第3个月

续表

反射	刺激	婴儿行为	出现的典型年龄	消失的典型年龄
巴宾斯基反射	触摸婴儿足底	张开脚趾，脚蜷曲	出生时	出生后第4个月
行走反射	托住新生儿的腋下让其赤脚接触平面	做出迈步动作状，看起来像动作协调的行走	出生后第1个月	出生后第4个月
游泳反射	将婴儿面朝下放入水中	进行四肢协调的游泳运动	出生后第1个月	出生后第4个月

（一）成熟论

成熟论观点（Shirley，1933）把动作发展看作是一种先天程序逐渐展开的过程。在此过程中，神经和肌肉成熟的方向是由上到下、由内到外的。因此，儿童对下肢和身体周围的部位的控制是逐步加强的。虽然不同文化背景下的儿童早期经验千差万别，但是婴儿的发展基本上都遵循同样的顺序，经过同样的发展阶段。

（二）经验论

经验论假说（也称为练习论）虽然没有否认成熟对动作发展的重要作用，但是经验论观点的支持者认为动作技能的练习机会也很重要。缺乏练习会抑制动作发展，同时，各种丰富的经验也可以推动这个发展过程。跨文化研究同样表明，婴儿获得主要动作技能的时间深受父母训练的影响。

（三）动力系统论

虽然动力系统假说的支持者并不否认成熟和经验在动作发展中所起的作用，但是他们从一个新的角度来看待动作发展。动力系统理论认为动作发展是儿童的生理能力、目标和个体经验之间复杂的相互作用的产物。基于该理论，每个新技能都是一种建构，当婴儿主动把已有的动作技能重组成更为复杂的新动作系统时，这种建构就出现了。最初这些动作结构可能是尝试性的、低效能且不协调的。例如，一个初学走路的婴儿会经常摔倒。但是一段时间以后，这些新的动作模式会逐渐变得精确，最终所有的动作组成部分协调一致，并变成流畅和谐的动作(如爬、走、跑、跳)。

二、研究支持

丹尼斯(Dennis，1960)研究了两组被送到专门机构的伊朗孤儿，这些孤儿出生后的前两年是在婴儿床上躺着度过的。他们从未坐立，很少跟人玩耍，甚至连喂食也是通过放在枕边的奶瓶来完成的。结果发现，这些1~2岁的婴儿没有一个能够走路，只有不到一半的婴儿可以独自坐立。在3~4岁的儿童中只有15%可以很好地独立行走。丹尼斯认为，成熟条件对动作技能发展而言是必要条件，但不是充分条件。换言之，除非婴儿有机会练习这些动作技能，否则已具备坐、爬、走的生理条件的婴儿是不能熟练掌握这些技能的。

三、理论应用

儿童动作能力的发展对儿童的身心健康成长具有重要的意义，儿童的遗传素质和成熟水平是儿童动作能力发展的基础，后天培养方式对儿童动作能力的发展也会产生重要的影响。为促进儿童动作能力的健康顺利发展，家长和教师要根据运动规律和儿童的身心发展特点，采取多种运动形式对动作能力讲行训练。

(一)根据运动规律和儿童身心发展特点进行训练

儿童身心发展特点和成熟水平是儿童动作协调能力发展的基础。每种运动能力的发育都有关键期，只有抓住儿童的关键期进行训练，儿童运动协调能力的发展才能获得较快的发展，否则不仅难以取得效果甚至可能对儿童的健康成长造成伤害。

（二）采取多种运动形式

游戏一直都是最能调动起儿童兴趣的一种主要方式，也是他们最喜欢的一种学习方式。儿童会在游戏过程中模仿与学习大人的一些动作与习惯，与此同时，儿童跑、跳、爬等能力的发展也能够得到促进。

此外，目前儿童普遍都是生活在城市当中，缺少与大自然的接触。而当儿童身处自然环境中时，他们会通过五官的感知扩大自己的活动范围，既开阔了原本的眼界，又可以获取到有效的知识与经验，从而促进他们感官方面的培养以及大脑思维能力的加强。因此，家长可以多带领孩子与大自然接触，在保证他们安全的前提下尽可能的满足他们玩的欲望，锻炼孩子的运动能力。

（三）运用同伴的力量

运动能力的培养的核心就是锻炼孩子身体的素质与能力。家长和教师可以将一些适合儿童运动的活动引入孩子的日常生活当中。与此同时，运动当中的伙伴也会是孩子效仿的榜样，可以激发出孩子们潜在的竞争意识，锻炼孩子身体素质的同时也加强了他们人际交往的能力。

第五节　重要发展里程碑
——感知觉与运动发展

感觉与接收和辨别感觉信息有关，而知觉则与我们理解信息的方法有关。儿童的感知觉在各种事件和教育的影响下不断完善和发展。在这个发展过程中，经验的重要性逐渐增大。随着感知觉能力的提高，孩子对事物分析的综合能力也不断提高。

一、理论介绍

(一)感知运动阶段

瑞士心理学家皮亚杰将儿童15岁以前的认知发展分为四个阶段。根据该理论，2岁以前的儿童被归入第一阶段——感知运动阶段。在婴儿时期，孩子只能做一些反射性动作。换言之，婴儿仅靠感觉和知觉动作的途径来获取对环境的基本理解，此时他们仅有对环境的先天条件反射，在这个阶段的末期，他们逐渐发展出复杂的感知动作协调能力。

以婴儿吸吮动作的发展为例，皮亚杰的研究发现了吸吮反射动作的系列变化。研究发现，给一个母乳喂养的婴儿同时给予奶瓶喂养时，婴儿吸吮两者的口腔运动有着很大区别。婴儿在奶瓶喂养时会更省力，这时婴儿可能会出现抗拒吃母乳或是不安稳的状态。身体直向反射是12个月以前的婴儿的另一个重要先天条件反射，当转动婴儿的肩或腰部，婴儿身体的其余部分会朝相同方向一起转动，由此来帮助其控制身体。

随着婴儿的发育发展，他们会在先天反射动作的基础上，通过机体的整合作用将一些特别的动作联系在一起，形成新的习惯动作。4个月以后的婴儿可以实现视觉注意和抓握动作的协调统一，他们会经常用手触碰周围的物体。6个月左右的婴儿可能会表现出将玩具扔到地上的动作，这也是他们认知世界的一种方式。到了1岁左右，婴儿开始为了得到自己想要的东西表现出更为复杂的系列动作：他们首先会通过大哭来吸引家长的注意力或博取同情，然后再通过眼神对视示意家长他想要的是什么东西。此外，皮亚杰还发现婴儿在1岁~1岁半时能以一种试验的方式发现新的方法来达到目的，当他们偶然发现可以通过抓住物品的一角将物品拉过来以后，婴儿便学会了这一方法，在那之后频繁地拉扯物品。

(二)感知觉发展里程碑

1. 视力。

在最初的 1 个月左右，新生儿很难识别出具体的颜色，但是可能会辨别出一些阴影和白色。此时，婴儿偏向于关注一个单个的图形或者所给物体的数量有限的图形，并且在识别图形时，他们最先注意到的是图形的边缘部分。

到 2、3 个月的时候，婴儿的色彩知觉就和成年人较为接近了。他们发展出了更全面的扫描能力，包括识别物体的边缘和内部特征等。等他们稍大一些，他们会更喜欢去看一些复杂的图形。同时，婴儿还会表现出对自己种族面孔的喜爱偏好，他们也能区分笑脸和皱着眉头的脸，并用更多的时间注视笑脸。

在 3 个月到 6 个月时，婴儿区分和回应不同的面部表情的能力进一步得到提升。到 4 个月的时候，婴儿的色彩知觉已经发展到成年人的能力水平，许多婴儿在这时已经拥有了通过双眼线索来感知深度的能力。6 到 7 个月时，婴儿判断物体的形状、大小、连续性以及它们之间的相对距离的感知力也会明显提高，其对深度的恐惧也开始产生。1 岁至 3 岁的孩子已经可以判断事物的距离远近，并且视线能追随并看清快速移动的东西。到了 3 岁时，幼儿的视觉更为敏锐，他们乐此不疲地观察着周围的新鲜事物。4 到 6 岁的孩子视力发展逐渐全面，视力的清晰度也有明显增加，6 岁孩子的视力水平基本可以与成人一致。

2. 听觉和听知觉。

新生儿对于声音较不敏感，但是其声音敏感性的发展十分迅速。到 6 个月时，婴儿的声音敏感性已经和成年人十分相近了。6 个月大的婴儿就对音乐的拍子、音高变化和旋律等特征有了敏感的感知力。9 个月的时候，他们就能辨别出隐藏在复杂旋律中相对简单的旋律结构。到了幼儿园期间，幼儿逐渐能够准确地复唱一首歌。4、5 岁左右的孩子一般可以唱出歌的旋律并且也可以唱出歌词。5 岁的孩子一般也有了把歌词和旋律结合起来学习的能力，该能力在日后不断增加。

3. 嗅觉和触觉。

婴儿的嗅觉受体在妊娠期的最后几个月里已经得到了较好的发育，婴儿在母亲羊水里面就已经可以感知到不同的气味了。而在触觉方面，胎儿在 2 个月大的时候就能回应施加于其皮肤的压力。在婴儿出生后的前几个月主要用嘴对物品进行探索占主导地位。他们喜欢吮吸他们的手指和脚趾，或者任何他们可以接触到的其他东西。这种能力帮助婴儿建立起来了对不同物品的质地形状的初步了解。3 个月大的婴儿就可以区分只有重量不同的两个物体了。

4 个月大的婴儿对四肢和手的控制力有所增加，这时肢体探索逐渐取代了口唇探索成为了婴儿探索世界的主要方式。6、7 个月大的婴儿喜欢摩擦粗糙的物体和敲打坚硬的物体。在 3 岁之前，孩子们就已经掌握了很多成年人拥有的基本手部技能，他们的手部触觉探索技巧匹配精确度几乎和成年人一样。

(三)运动发展重要里程碑

1. 大肌肉动作。

大肌肉动作发展指儿童对在环境中四处移动的动作的控制，比如爬、站立、走等。0 到 1 岁的婴儿只能做出一些自发的反射动作，也即对来自外界的刺激的不同形式做出无意识反应。在这些反射中，有一些反射运动会在出生后几个月消失，而有一些反射会一直伴随婴儿直至成年。总的来说，大多数的初始反射运动在第 6 个月以前就会被自发性运动替代了。自主控制从出现开始直到结束大约会持续两年的时间，这个时期有时候也可以认为是运动发展中的"初始运动阶段"。

一般来说，婴儿在出生后 3 周到 4 个月之内就可以自己独立完成抬头动作了，5~7 个月时大概学会翻身了，而在 5~11 个月期间孩子也逐渐掌握了爬的技能。在 9~17 个月左右时孩子就尝试开始走路了，这时他们会表现得比较抗拒坐下来。

比起婴儿，2 岁的幼儿可以独立行走，并逐渐学会一些大肌肉动作：先是学会跑，单脚跳和双脚跳，然后再学会快跑和跳跃。3 到 4 岁的幼儿有着更好的身体控制力和协调性，但他们的运动模式仍相对有限，他们在如单脚站立、跳跃、追赶、扔球以及其他需要一些小肌肉群活动的精细动作上仍然存在困难。

随着儿童走路越来越稳定，5 到 6 岁的儿童已经可以完成一些更有难度的动作，比如骑三轮车和投递东西等。到 6 岁的时候，儿童的追逐或拦截移动物体的操作性技能仍然在持续发展，这种协调性在后期也会持续发展直到青少年时期完全掌握。

2. 精细动作。

精细动作发展指儿童对小一些的动作的控制，比如抓、握等。一般而言，4 到 5 个月的婴儿便可以完成物品在两只手之间的交换动作，这可以让他们充分感知事物的大小、长短和重量等特性。

6 到 7 个月时，他们的手部活动会更加灵活，能够张开五指、放下和扔掉手里的东西。8 到 9 个月以后孩子就可以用拇指和食指捏起一些细小的东西。他们会开始伸出手指抠东西或是拍打东西。

15 到 18 个月之间的时候，孩子可以完成用画笔在纸上有目的地划线涂鸦以及把小瓶口里的东西倒出来这类更精细的动作。2 到 3 岁的孩子就可以开始自主穿脱衣服，拉拉链，使用钥匙等。3 岁前后孩子就会开始画画了，刚开始会很抽象，但是随着知觉、语言、记忆和精细动作的发展，孩子的画会变得越来越具有现实的色彩。

3 到 4 岁，孩子会开始自己扣扣子，自己独立吃饭。4 到 5 岁，他们就可以自己用叉子和用剪刀沿着线剪东西了。6 岁时，孩子逐渐掌握了幼儿期最难掌握的技能——系鞋带。

表 3-2　　　　　婴儿前两年里大动作和精细动作的发展

动作技能	达到这个技能的平均年龄	90%的婴儿学会这种技能的年龄范围
被竖直抱着时能稳稳地直着头	6 周	3 周~4 个月
歪倒时能用胳膊撑住自己	2 个月	3 周~4 个月

动作技能	达到这个技能的平均年龄	90%的婴儿学会这种技能的年龄范围
侧躺时翻身成仰卧姿势	2个月	3周~5个月
抓握木块	3个月3周	2~7个月
仰卧时翻身成侧卧姿势	4个半月	2~7个月
独自坐着	7个月	5~9个月
爬	7个月	5~11个月
抓住东西站起来	8个月	5~12个月
玩拍手游戏	9个月3周	7~15个月
自己站	11个月	9~16个月
自己走	11个月3周	9~17个月
搭两块木块	11个月3周	10~19个月
兴奋地涂鸦	14个月	10~21个月
在帮助下上楼梯	16个月	12~23个月
跳	23个月2周	17~30个月
用脚尖走	25个月	16~30个月

表3-3　　　　幼儿期大肌肉动作技能和精细动作技能的发展

年龄	大肌肉动作技能	精细动作技能
2~3岁	走路开始有节奏，由快走到跑 能跳远、双脚跳、投接东西，上肢动作不灵活 会用脚踢滚动的球，很少骑车	穿脱简单的衣服。拉合与拉开大拉链 较熟练地使用钥匙
3~4岁	双脚交替上楼梯，单脚在前下楼梯 跳远，双脚跳，上肢较灵活 不需躯体的太大活动就能投接物体 能用胸部接球 会蹲、骑三轮童车	系上和解开较大的衣扣 不需帮助自己吃饭 使用剪刀。模仿画直线和圆 画出最初的蝌蚪人图画

续表

年龄	大肌肉动作技能	精细动作技能
4~5岁	双脚交替上下楼梯。跑得更稳 单脚跳和跑 用双脚支撑身体的扭转扔球；用手接球 快而稳地骑三轮童车	熟练地使用叉子 用剪刀沿线剪东西 照样子画三角形、十字和一些字母
5~6岁	跑步速度加快。平稳地快跑；准确地跳 做出稳健的投物和接物动作 骑带辅助轮的自行车	用刀切软食物 系鞋带 分六个部分画出一个人 照样子写数字和简单的词

二、理论应用

(一)感知觉发展

在婴幼儿发展初期，家长需要给孩子提供相应的环境刺激以促进其感知觉的发展。比如，在孩子3到5岁的时候，可以和孩子玩折纸飞机的游戏。通过给孩子示范折纸飞机的方法和扔纸飞机的玩法，让孩子产生兴趣并参与折纸的过程，直到孩子可以独立完成折纸飞机活动。整个过程家长需要保持一定的耐心，同时要提醒孩子注意纸边可能会割伤手指。类似的活动不仅可以给孩子提供发展学习能力的环境，还可以促进触觉和视力感知觉的协调性以及手部精细动作的发展。

值得注意的是，家长不应强制性地培养孩子的感知觉和观察发现能力，应当在发现孩子感兴趣后，再引导主动观察，父母过于强烈地引导反而会适得其反。比如，和孩子一起画画时，学习绘画技巧并不是最重要的，家长还应重视绘画作品本身的艺术效果和熏陶为孩子提供的良好环境，让孩子对绘画产生兴趣。家长可以经常带孩子去美术馆看画展，或者带孩子观察大自然欣赏美景，促进孩子感知觉能力的全方面发展。

（二）动作发展

一般而言，孩子的运动能力发展，可以从平衡、力量、速度等角度来发展和评判，并且会在不同的阶段有不一样的侧重。孩子早期平衡能力主要在0~2岁开始发展，关键期在0~1岁。力量方面，孩子所有的运动都需要以它为基础来发展和进行。孩子力量的快速发展期是2~4岁，这个时候的孩子会喜欢跑、爬楼梯、上下坡、互相追逐等活动，这也是他们发展自己的"力量"的表现。而类似于舞蹈或者体操这种需要柔韧性的活动，家长可以在孩子力量发展具有一定基础后再鼓励其尝试学习。4~6岁之后，孩子的运动速度得到重点发展，在这个阶段孩子开始接触各种体育项目，喜欢奔跑和玩球类。作为家长，应该给孩子提供一个自由探索世界的环境，在保证孩子安全的基础上，允许孩子随心意的指引发展，多鼓励孩子进行运动。这样可以帮助孩子更顺利地发展动作能力，走向独立自主。

三、应用案例

（一）感知觉发展

妞妞从4岁开始，持续半年时间对剪纸贴纸非常感兴趣。于是，妞妞妈妈给她买了剪贴书和涂色书。但是妞妞只对剪贴书感兴趣，而对涂色书爱答不理。她在4个月的时间内使用了超过100本剪贴书。

随着她能越来越熟练地剪纸贴纸，妞妞渐渐地不那么喜欢剪贴了。就在此时，妞妞自己翻出了一直落灰的涂色书，拿起笔就开始涂。看到纸上涂出的色彩，她竟高兴得手舞足蹈并且大声地说："你看我涂！涂呀，涂呀，把它们全都涂到外面去！"（她说的"外面"是指线条所形成的框框的外面）。

从此，妞妞就喜欢上了涂色，但是她一直不受涂色书上给定涂色区域的限制，而且非常喜欢尝试不同的新颜色。刚开始，她对所有颜色都非常感兴趣，渐渐地她似乎表现出对一些明亮色彩的偏好。比如在涂大块的色块时，妞妞会更多地采用大红、明黄或天蓝等颜色，但她还是喜欢尝试各种各样的颜色。经常在涂一样物品时，她就能用上十五六种颜色。

这个阶段，妞妞可以用一下午把整本涂色书里自己喜欢的图案全涂一遍，后来逐渐不满足于涂色书的限制，又发展到喜欢在白纸上随意涂画。妈妈为妞妞购买了一套《幼儿时装设计》，帮助妞妞把兴趣转向了时装设计。现在每天睡前，妞妞都要完成至少 4 个服装设计，风格不同，有创意也有美感。现在妞妞每天穿的衣裳都是她自己搭配的，每天换不同的颜色但都很自然。

（资料来源：孙瑞雪．捕捉孩子的敏感期［M］．北京：中国妇女出版社，2013.）

点评：3 到 4 岁是儿童的色彩敏感期，这个阶段孩子喜欢认识不同的色彩。儿童对色彩的认识表现在他选择玩具的颜色、选择衣服的颜色等不同的生活细节中。这个时期过后，儿童就进入了涂色的敏感期。儿童涂色的过程可以为以后的书写做准备。通过最初的乱涂阶段，儿童的书写才会逐渐有规律。

(二) 动作发展

文雯的儿子策策在 8 个月大的时候终于学会爬了！从此他在家里四处爬，累得自己满头大汗。文雯认为儿子在学会新技能后危险系数也提高了。

一天下午，文雯带儿子到小区楼下玩。玩着玩着，只见他冲着台阶外的花坛里面的一片茂密的植物迅速爬了过去，并且速度一直没有下降。这时文雯突然反应过来，因为植物的高度和台阶差不多，儿子可能以为是同一个平面！还没来得及反应过来，儿子左手已经陷进植物里面了，整个人头朝下不见了，只剩一双小脚在石阶边上挂着。文雯赶忙把儿子捞到了地面上。

他并没有受到任何损伤，更奇特的是他居然没有哭而是感到迷惑，不知道发生了什么。文雯把他轻轻放下，他又迅速向石阶边爬去了，但这次并没有掉下去，而是在离石阶有一段距离的地方停了下来，非常小心地伸出手去按叶子，往后退，又再次前进，按了按叶子，然后又往回爬。文雯知道儿子自己学会了躲避"陷阱"。

（资料来源：孙瑞雪. 捕捉孩子的敏感期［M］. 北京：中国妇女出版社，2013.）

点评：可以看出，策策的父母对孩子的发展有足够的了解，并且他们没有像其他年轻父母一样，因为不了解而对新生命有过多不必要的担忧。他们清晰地知道策策的认知具体发展到了什么程度，需要什么样的帮助。并且在他们的科学照顾下，策策对环境建立了很好的安全感。策策在 8 个月时就开始全方位感知空间、探索空间了，并且还学会了如何战胜困难、不断探索世界。

☑ 章末总结与延伸

一、提炼核心

1. 随着年龄的增长和大脑发育的逐渐成熟，儿童的各种感官功能在出生后最初几个月里飞速地发展。触觉和痛觉是胎儿最先获得的感觉，婴儿的嗅觉和味觉在母体内便开始发展，婴儿的听觉在出生前就已经开始发展，婴儿的听觉辨别力在出生后快速发展，五六个月的婴儿已建立起听觉系统，视觉是婴儿出生时发育水平最低的一种感觉。

2. 吉布森提出了知觉学习理论，他认为知觉是一个激活了的有机体为了认识世界所表现出来的行为，是一种主动的过程。吉布森提出的知觉分化理论介绍了儿童的知觉发展。该理论认为感觉刺激已经为儿童解释相应的经验提供了足够的信息。毫无经验的感知者要做的只是从感受到的刺激里找出区别性特征和线索。根据吉布森的理论，儿童知觉的形成有赖于后天对丰富环境刺激的不断学习，知觉学习有助于儿童对刺激的反应更加专门化。知觉生态理论认为知觉是某一环境向感知者呈现自身功能特性的过程。吉布森和沃克的"视觉悬崖"实验研究了婴儿的深度视觉，被称为发展心理学的经典实验之一。

3. 卡尼曼提出的中枢能量理论是早期关于儿童注意发展的经典理论。该理论将注意看作个体用于执行任务的数量有限的能量或资源，注意水平主要取决于能量或资源的分配方案。资源的分配机制是灵活的，根据人的实际需要来调节与控制，对于自己认为更重要的任务优先加工。资源分配方案受到下列四个因素的制约：（1）唤醒水平；（2）当时的意愿；（3）对完成任务所需能量的评价；（4）个人的长期倾向。

4. 婴儿的动作发展一般是先从不需要成人的帮助就能做到的协调能力和一定力量，之后再发展成四处爬行所需要的力量和肢体能力。随着婴儿的成长，他们对肌肉的控制能力逐渐增强，按先头后脚，从大肌肉动作到小肌肉动作，从整体动作到分化动作的顺序发展。该发展顺序是符合头尾原则和近远原则的。婴儿的动作发展还遵循由简单的无意识动作到复杂的有意识动作，由粗糙动作到精巧动作的原则。婴儿动作发展主要包括两方面的内容：行走动作的发展和手运用技能的发展。婴儿最早产生的动作是无条件反射行为。

二、教师贴士

1. 提高儿童的随意注意，帮助其提高集中注意力的能力。例如，在上课前几分钟，老师可以带儿童唱一首儿歌，带动儿童的情绪，调动儿童的积极性，把儿童外放的注意收回到课堂中。

2. 将容易引起儿童注意的因素与随意注意的对象联系起来。重视不随意注意的作用，如新异的信号、突然运动的物体、明亮的颜色、其他不寻常的事件或自己的姓名等，这些因素一般都较容易获得注意资源，更容易集中学生的注意力。

3. 培养儿童的兴趣。教师应学会合理运用教学技巧，把学习与儿童的直接兴趣联系起来形成间接兴趣。如很多儿童不愿意记英语单词，但很喜欢唱儿歌、听故事，老师可以把单词编成儿歌或穿插在故事当中。

三、家庭应用

1. 为儿童提供感觉教育。

早期感觉的发展为后续复杂的心理功能奠定了基础。意大利的教育家玛利亚·蒙特梭利提倡幼儿的感觉教育，即从感觉形成知觉，进而形成智力。家长可以有意识地为儿童提供感觉教育，引导孩子接触新刺激，促进儿童感觉的发展。比如，家长可以在家里准备不同材质物品让孩子触摸，感受不同的触觉刺激。同时，家长还可以多带孩子接触大自然，促进其视、听、嗅等感知觉的发展。在此过程中父母要鼓励幼童通过自己的兴趣去进行自由的选择、建立操作、自我校正，去努力把握自己和环境。

2. 为儿童提供一个自然、自由的心理成长环境，培养他们的自信心与责任心。

(1)自然、自由的心理成长环境包含自信心的发展，责任心的增强，畏怯的消除，爱和亲切的合力。当儿童去主动知觉时，家长不要去扮演阻挠者、指挥者和期望者这些角色，而是要通过了解、倾听的态度来表示尊重儿童的能力，启发引导他们运用自己的思考与能力去探索。

(2)在早期教育中，家长应更多地鼓励，鼓励着重于孩子应干什么，着重于孩子行动后的自我满足，即自尊感和成功感。

(3)责任心的培养也同样重要，给孩子创造一些和年龄、能力相当的角色机会，无论在家里或是在幼儿园，使他们感到自己的行为对集体的重要性。

3. 遵循儿童动作发展的规律，创造机会促进其发展。

(1)协调动作发展的多个因素，促进儿童动作、心智的统整。积极正向的情绪利于儿童更好地开展运动。适宜的活动同样利于儿童情绪的健康。例如，在活动开展的过程中可以设置游戏化情境，通过生动有趣的活动情节让儿童开展身体运动，在感受愉悦体验的同时获得运动技能的提升。

（2）给儿童运动提供更多选择的机会。首先，延长时间和扩大空间可以使得儿童开展活动的深入程度、活动的社会性参与程度提高。其次，在身体活动开展的过程中应基于儿童的实际生活，运用"生活教育"的理念，关注生活中身体运动发展、动作技能的重要价值，让儿童与周围的环境进行真实的互动。

（3）利用儿童动作发展的"稳定"状态，去促进其形成新的"不稳定"状态。儿童"完成任务的需要"与"不足的能力"发生矛盾时，就导致了"不稳定"状态。例如，在对有挑战的新环境的适应过程中，首先，家长可以利用儿童熟悉的材料和熟悉的动作技能，在其原有能力的基础上提出新的要求。其次，家长可以通过提升个体经验的方式促进其动作发展，可以带领幼儿参与更多带有任务性质的生活活动中，在解决问题、克服困难的过程中，激发儿童更多的探索与创造。

四、实践练习

1. 教师在学校中要鼓励每个儿童主动担任一些和年龄、能力相当的角色或者创造更多的需要儿童完成一些任务的机会，使他们感到自己的行为对集体所产生的重要性，以及获得由此而来的荣誉感，激发各项能力的发展。

2. 在对有挑战的新环境的适应过程中，家长可以利用儿童熟悉的材料和熟悉的动作技能，在其原有能力的基础上提出新的要求。

第四章　儿童语言发展

当心理语言学家开始描绘语言发展过程的时候，他们惊讶地发现儿童竟然能以惊人的速度学会如此复杂的符号系统。一些婴儿在学会走路之前，就能用单词(随意抽象的符号)指代物体和活动了。儿童是怎样做到这些的呢？学习理论家代表经验论者认为，语言显然是通过学习获得的。然而，其他理论学家指出，全世界儿童在大致相同的年龄表现出相似的语言能力。对先天论者来说，这种语言普遍性表明语言获得是一种生理上预设的活动，它可能包括高度专门化的语言处理能力，这种能力在童年早期运作最为有效。除此之外，越来越多的交互作用者倾向于认为语言获得反映了儿童生理倾向、认知发展和独一无二的语言环境特点之间复杂的相互影响。此外，本章还将进一步讨论儿童的语言发展过程，呈现语言发展的重要里程碑。

第一节　在模仿与强化中习得语言
——语言学习论

如果问成人，儿童是怎样学习语言的，大多数成人可能会说，儿童会模仿听到的语言，当他们使用正确语法的时候会被强化，当他们说错的时候就会被纠正。学习理论家在他们的语言学习论中强调的就是这样的过程——模仿和强化。

一、理论介绍

学习理论家认同经验论或习得论的观点，他们强调模仿和强化，认为语言是通过学习获得的，儿童通过对成人言语的模仿获得语言。例如，在丰富的环境和良好的文化氛围里长大的儿童往往比生活在贫乏语言环境中的儿童语言能力发展得好。

斯金纳指出，儿童合乎语法的言语得到强化从而获得语言。成人最初是选择性地强化婴儿咿呀声中最类似单词的那些语音，这样就提高了这些声音被重复的概率，由此塑造了儿童的言语。在儿童学习言语的过程中，被强化的语音一旦发展成单词，成人就会停止进一步的强化（如注意或赞许），直到儿童开始将单词组合成简单的句子，之后又组合成较长的合乎语法的话。通过多次重复和强化，儿童就能辨别哪些是正确的单词和语法。学习论者指出成人是通过示范和强化合乎语法的言语教会儿童语言的。

二、理论应用

模仿和强化在早期语言发展中功不可没。用玩具作为强化手段，儿童可以更快地习得和使用新玩具的正确名字（Whitehurst & Valdez-Machaca，1988）。此外，如果父母经常通过问问题、提要求等方式鼓励儿童说话，那么与父母没有这样做的同龄儿童相比，前者在早期语言发展上的进步会更大（Bohannon & Bonvillian，1997；Valdez-Machaca & Whitehurst，1992）。幼儿期是语言形成的最佳时期，也是词汇存储最迅速的时期。因此，应采用各种方法恰当有效地强化儿童的语言能力。

(一)强化儿童的语言训练

对儿童的语言进行有计划的训练是很重要的。在开展语言教学时教师要运用有效的教学方法，调动儿童说话的积极性，并给予反复练习的机会。对于发音正确、吐字清楚、用词恰当、句子完整的儿童，应给予具体的表扬和鼓励，并及时纠正儿童的错误。家长和教师可以利用讲故事来训练儿童的发音，丰富儿童的词汇，培养儿童的语言表达能力。

(二)引导儿童模仿规范语言

在与儿童交谈时，父母要关注自己的榜样效应，注意语音、语调的正确和语言的规范化，为儿童提供良好的语言范式。父母应尽量对儿童使用规范语言，用词文明，语言流畅，吐字清晰。父母应有意识地引导儿童模仿规范的语言，纠正错误，千万不要讥笑或重复儿童错误的发音或语句。

三、应用案例

3岁8个月的琪琪正处在语言的敏感期，对一些特别的成语和词语总是着急地想知道意思，于是妈妈在家也有意识地教琪琪一些成语，而琪琪总能够很巧妙地将成语运用到实际生活中。

一天，琪琪将一大块肉嚼两下就吞了下去。妈妈看了很是着急。琪琪红着脸含混不清地安慰妈妈说："没关系！妈妈，我囫囵吞枣啦！"坐校车的时候，琪琪透过车窗看到另一辆车与自己坐的校车平行开着，便大声地对着全车孩子说："快看，我们的车和那辆车并驾齐驱啦！"她的话吸引了全车的孩子齐刷刷地趴在窗户上向外看。午餐的时候，孩子们争着抢着要炒面。有的孩子边吃边说："真好吃！真好吃！"琪琪则低着头看着自己的那盘炒面赞叹道："真是美味佳肴呀！"

（资料来源：孙瑞雪. 捕捉孩子的敏感期[M]. 北京：中国妇女出版社，2013.）

点评：家长和教师应该为孩子创造一个良好的语言环境，注意个人的说法方式和用语习惯，在生活与教学的情境中通过对词语的恰当解释和使用帮助儿童理解词汇并掌握用法，帮助孩子更好地完成语言的表达。

第二节　儿童拥有与生俱来的语言能力
——语言先天论

　　日常观察发现，儿童最早说出的句子具有很大的创造性，并没有通过模仿成人使用的语法习得。那么儿童是怎么获得语法知识的？许多心理语言学家试图采用先天论的观点来回答这一问题。

一、理论介绍

　　根据先天论者的观点，人类习得语言是生理发展的必然结果。语言学家乔姆斯基(N. Chomsky)认为，即使是我们看起来最简单的语言结构，对于认知不成熟的婴幼儿以及学前儿童来说也是极其复杂的，复杂到既不能通过父母传授学会，也不能通过简单的试误过程发现。乔姆斯基提出，人类具有语言习得机制(language acquisition device，LAD)。LAD 是一个与生俱来的处理器，它包含一个普遍语法或对所有语言通用的规则知识。因此，不管儿童听到的是哪一种语言，只要他已经获得足够的词汇，就可以通过语言习得机制发现语言的深层结构以及将其转换为表层结构的转换规则，因而能产生和理解无限多的新句子，创造性地使用语言，并理解其所听到的许多句子。这可能是儿童能在短时间内快速掌握各自母语的根本原因。

　　语言先天论将儿童的语言获得看作一个积极主动、充满创造性的过程。但该假说也存在一些不足，例如乔姆斯基关于儿童存在"先天语言获得机制"的观点尚有待进一步证实，并且它对后天语言环境的作用不够重视。学习理论和先天派的观点可能都不能完全解释儿童语言的习得。这个问题的答案似乎是二者的综合——儿童有可能生来就具有学习语言的能力，但是这种学习是需要环境因素引发的，儿童与他人的互动是影响语言获得的重要因素，在最初的互动中，模仿起了至关重要的作用。

二、理论应用

乔姆斯基的语言获得理论对语言教学有重要的启发和指导作用，它有助于人们学会观察、描述和解释一些语言现象，从而加深对语言的理解，更好地掌握语言。

(一)语言获得存在敏感期

语言学习在很大程度上受生理因素的影响，语言获得似乎是童年期一项本能性的活动。语言先天论者伦尼伯格(Lenneberg)指出，从出生到青春期之前，由于偏侧化的人类大脑对于语言功能变得越来越专门化，能够很轻松自然地获得语言。错过了语言学习的敏感期，语言的习得能力就会受到限制，语言学习就变得越来越困难。因此，教师及家长应及时抓住儿童语言学习的敏感期，给予儿童适当的指导和帮助，恰当有效地使用一系列强化孩子语言能力的方法，使儿童在最初的语言能力形成上获得较好的发展。

(二)儿童获得语言的主动性和创造性

语言先天论强调儿童在获得语言过程中的主动性和创造性，并认为这是因为语言有一套规则。根据这套规则，儿童能够创造和理解新的句子。因此，在进行语言教学时，教师应鼓励学生从简单到复杂按照规则造句，而不是保守地要求他们模仿句型。在训练学生的连贯表达时，不应只是让他们流利地重复课文内容，也应要求他们根据规则，按不同的环境创造性地运用语言。

(三)把握语言学习的规则

乔姆斯基区分了深层结构和表层结构，并建立了两种结构的转换规则。这些规则可以作为阐明某些语言现象的重要理论依据，对外语学习有重要指导意义。掌握这些规则知识，有助于提高儿童运用语言的准确性和科学性，克服"知其然不知其所以然"的盲目性。因此，在进行外语教学时，教师可以引导学生将外语与母语进行对比，从所学的语言现象中分析出规律性的东西，帮助他们认清不同语言的区别特征，而不应要求学生不求甚解地机械记忆所学的内容。

第三节　语言是各因素复杂作用的结果
——语言交互作用论

交互作用理论的支持者认为，学习理论家和先天论者从某种程度上说都是正确的。语言发展来源于生理成熟、认知发展和不断变化的语言环境之间复杂的相互作用。

一、理论介绍

（一）生物和认知因素对语言发展的贡献

儿童在学习各种截然不同的语言时所表现出的惊人相似性，显示了生物因素对语言习得的贡献。根据交互作用的观点，全世界儿童以同样的方式讲话，并在许多方面表现出语言普遍性，这是因为他们都是同一种属的成员，拥有许多共同的体验。儿童不具备与生俱来的特殊语言知识或处理技能，而是高度复杂的大脑慢慢成熟后，使儿童在大致相同的年龄发展出相似的想法，这些想法促使儿童用自己的语言把它们表达出来（Bates，1999；Tomasello，1995）。同先天论者一样，交互作用论者也认为儿童已经从生理上准备好要获得语言。但是，这种准备是指需要拥有一个强大的大脑，它慢慢成熟，让儿童可以习得越来越多的知识、让他们有更多的内容可以谈论。

（二）环境对语言发展的支持

交互作用论者强调，语言主要是一种沟通工具，它在社交互动的背景下发展起来。比如，儿童及其同伴在互动过程中，会用各种方式努力让对方明白自己的想法，由此促进语言的产生和发展。

1. 从共同活动中学习。养育者会向婴儿示范，怎样在交谈中与对方轮流发言。成人不断地与儿童讲话实际上是创造了一个支持性的学习氛围，可以帮助儿童掌握语言的规律（Adamson，Bakeman，& Deckner，2004；Bruner，1983；Harris，1992）。

2. 从儿童指向型言语中学习。父母用儿童指向型言语讲话的主要目的是与儿童进行有效的沟通。从出生开始，婴儿对音调较高、语调多变的母婴语言的关注便多于成人之间所使用的"平淡"言语。而且，他们对用婴儿指向型言语介绍的物体会进行更多的信息加工（Kaplan et al.，1996）。随着儿童的语言变得越来越复杂，父母也慢慢增加了儿童指向型言语的长度和复杂性（Shatz，1983）。这营造了一个学习语言的理想环境：儿童可以在这个环境里不断地接触新的语义关系和语法规则，而且这些语言知识都出现在其可以理解的简单言语中。

3. 从错误提示中学习。父母会对不合语法的言语做出反应，当错误出现时，会给儿童一些可用于纠正错误的信息（Bohannon & Bonvillian，1997；

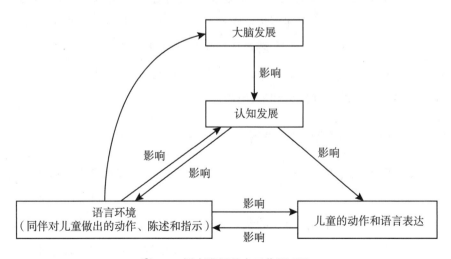

图 4-1　语言发展的交互作用理论

Saxton，1997）。例如，成人可能会将这种不合语法的陈述扩充，改为一个语法正确的更为完整的表达形式或修正成语意明确、合乎语法的话。修正后的句子经过了适当的修改，可能会唤起儿童的注意，增加儿童关注成人言语中出现的新语法形式的可能性。此外，父母可能会通过继续或者扩展某个话题，对语法恰当的句子做出反应。

4. 交谈的重要性。先天论者认为，儿童想习得语言，就要经常接触言语样本。这一观点其实明显低估了社交互动在语言发展中的作用。仅仅接触言语是不够的，儿童必须积极参与到语言使用中。

二、理论应用

（一）为儿童创设积极交往的语言环境

语言的发展离不开环境，环境是语言的源泉，因此要注意给儿童创设丰富的生活环境，让儿童有更多的机会与各种各样的人交往、操练、扩展自己的语言经验。父母应支持、鼓励、吸引孩子与家人、同伴、教师或他人交谈，表达自己的情感，体验语言交流的乐趣。比如，儿童放学回家后父母可以主动与孩子交流他们在学校发生的有趣的事情或印象深刻的事情，引导孩子有条理地讲述事情，提高孩子的语言表达能力。同时，游戏是一种轻松、愉快的活动，在游戏环境中发展儿童的语言，儿童会更乐于接受。游戏既丰富了儿童的生活，又使儿童学到生动活泼的语言，为儿童提供了语言实践的良好机会和最佳途径。

（二）扩大儿童眼界，丰富儿童生活

父母要为儿童提供接触丰富信息的环境，可以多带儿童去公园、动物园、博物馆、美术馆、科技馆等场所，以拓展儿童的生活世界。儿童生活丰富，视野开阔，对周围事物的认识和理解加深，才会有表达和交流的内容，才会有话可说，有话要说。家长要不断与儿童交谈，引导儿童不断从各种活动中发现新事物，激发幼儿的语言兴趣，使儿童在想说、敢说、会

说的过程中，不断地发展语言能力。

第四节　重要发展里程碑
——语言发展的过程

语言的发展体现了人类个体发展中所有方面的交互作用。它需要成熟的器质性结构产生语音，需要神经联结以协调语音与语义之间的关系，需要与成人进行社会交往以获取语言沟通的本质。

一、理论介绍

(一)前语言时期：在习得语言之前

在儿童出生后的 10~13 个月，儿童处于语言发展的前语言阶段，这是儿童说出第一个有意义的单词之前的一个时期。虽然儿童尚未学会说话，但从出生第一天起，他们就已经能对语言迅速做出反应。

父母对婴儿说话，然后等婴儿微笑、咳嗽、打嗝、发出咕咕声或咿呀声，之后再对婴儿说话，由此引发婴儿的又一个反应。如此下来，谈话的交替规则便已建立(Snow & Ferguson，1977)。而养育者建立的与婴儿间的互动方式，有助于儿童认识到包括说话在内的社会交谈需要遵循一套明确的规则。

到 8~10 个月时，前语言阶段的婴儿开始用手势和其他非言语的反应形式(例如面部表情)进行沟通(Acredolo & Goodwyn，1990)。普遍使用的前言语手势包括两种：陈述性手势，婴儿用手指一个物体或触摸它，以此引起他人对该物体的注意；祈使性手势，婴儿努力说服他人满足自己的要求，通过用手指想要的糖果，或想要被拥抱时拖拽照顾者的裤腿这样的行动来达到目的。其中一些手势变得非常有代表性，像单词一样发挥作用，例如，1~2 岁的儿童可能会举起手臂表示希望他人抱。一旦儿童开始讲话，他们常常会用手势或语调线索来补充一、两个单词的意思，以确保他们的信息能被理解（Butcher & Goldin-Meadow，2000）。

（二）单词句时期：一次一个单词

在有意义言语的第一个阶段，即单词句时期，婴儿能说出单个的单词句，而一个单词常常代表一个整句的意思。最初，儿童的产出性词汇量在一定程度上受到其能发出的声音的限制，所以儿童说出的第一批单词可能只能被常照顾他的人理解。以辅音开头元音结尾的声音对婴儿来说是最容易的，较长的单词往往是他们能够发出的音节的重复，例如"妈妈""拜拜"。婴儿的语音发展非常迅速，2 岁左右的婴儿的发音已经能够在规则或者策略的引导下制造出比较容易理解的成人单词的简化版。

当婴儿开始说话的时候，他们的词汇量以一次一个单词的速度增长（Bloom，1973）。大多数儿童达到 10 个单词量需要 3~4 个月的时间。婴儿在 18~24 个月之间，单词学习的速度显著增长，每周可能增加 10~20 个新单词（Reznick & Goldfield，1992）。这种词汇量的迅猛增长被称为"命名爆炸"。

尽管婴幼儿具有非凡的快速映射能力，但他们赋予单词的意思常常与成人不同。儿童频繁发生的一种错误是用一个单词指代种类比较广泛的物体或事件，这种现象叫做"过度泛化"。例如，儿童使用"狗"这个词指代所有长毛的四条腿动物。过度泛化的反面是"扩展不足"，即用一般性单词指代较小范围内的物体。例如，把饼干只用于指巧克力小饼。

（三）电报句时期：从单词句到简单句

在大约 18~24 个月的时候，儿童开始将单词组合成简单的句子，这些简单句子在英语、德语、芬兰语和萨摩亚语等不同的语言中表现出惊人的相似性。这些早期的句子被称作电报式言语，因为它们像电报一样只包含表达关键信息的单词，如名词、动词和形容词，省去了冠词、介词和助动词之类的修饰词。当这些词出现在他人言语里时，儿童可以清楚地对其进行编码。说电报式言语的儿童省略一些单词是因为其自身的加工和生成限制，他们会重点强调那些进行有效沟通所必需的名词和动词，而忽略较小的、不太重要的单词。

心理语言学家把儿童早期的语言当作一门外语来进行研究，努力探究儿童用以构造句子的规则。对电报式言语的结构特点或者句法的探讨的初期尝试，清楚地证明了儿童许多最早的双词句是遵循一些语法规则的。例如，儿童通常说"妈妈喝"而不是"喝妈妈"，说"我的球"而不是"球我的"，这表明此时的儿童已经意识到特定词序对于表达意思的重要性。

（四）学前期的语言学习

1. 语法语素的发展。语法词素是使我们构造的句子意思更加精确的修饰成分。儿童通常在 3 岁时开始使用这些修饰成分，一旦儿童习得一个新的语法词素，他们不仅会把这个规则应用到熟悉的背景下，而且会在新的情境中使用。除了语法词素，每种语言还有基本陈述句的变化规则，我们称之为转换语法规则。根据这个规则，可以将陈述句转化为疑问句、否定句、祈使句、关系从句，或者是复合句。儿童会一步步习得转换规则，从他们学习提问题、否定问题以及制造复杂句子的整个过程，就会更清楚转换规则。

2. 语义的发展。学前儿童逐渐开始理解和表达对比关系，因此其语言也变得更加复杂。"大"和"小"一般是最先出现的空间形容词，这些词很快就用于说明各种关系。例如，2~2.5 岁儿童能用大和小得出适当的常规性结论和知觉推断。到 3 岁的时候，儿童甚至能使用这些词做出恰当的功能性判断。在学前时期，儿童掌握了许多交谈技能，这有助于他们更有效地沟通，并达到自己的目的。

（五）童年中期和青少年时期的语言学习

1. 句法进一步发展。在童年中期，儿童纠正了许多先前所犯的句法错误，并且开始使用许多复杂的语法形式，这些形式在他们的早期言语中是不曾出现过的。例如，5~8 岁的儿童开始消除人称代词使用中的缺陷。

2. 语义学和元语言意识。儿童关于语义学和语义关系的知识在整个小学期间继续发展，词汇量的发展特别引人注目。6 岁儿童已经能理解大约10000 个单词，并且接受词汇的数量继续以每天大约 20 个单词的速度扩大。但是，小学儿童还没有把这些新单词用于自己的言语中，甚至以前可能都没怎么听过这些词。他们所获得的是词法知识，即有关构成单词的词素的意思的知识，并且迅速领会它们的意思。而青少年时期形式运算推理能力的发展，使得他们能进一步扩展自己的词汇量，学会了许多抽象单词，例如"讽刺"。

此外，小学儿童迅速发展的元语言意识，使得其能够做出超越实际言语意思的语义推断。元语言意识是一种思考语言并评论其特性的能力，一旦儿童开始将不同种类的语言信息综合起来，他们就能发现隐含在句子表面内容中的意思。这种反省能力一般在儿童 4~5 岁时出现。

表 4-1　　　　　　　　　　　语言发展的重要里程碑

年龄	语音	语义	词法/语法	语用	元语言意识
0~1 岁	对言语的感受性； 对语音的辨别； 开始咿呀学语； 发出像母语的声音	对他人言语中的语调线索进行解释； 前语言手势出现； 无义词出现； 理解单词数量很少	偏爱短语结构和母语重音模式	与照顾者共同关注物体和事件； 在游戏和谈话时按顺序轮流； 前语言手势出现	无
1~2 岁	简化单词发音的策略出现	第一批单词出现； 18 个月后词汇量迅速扩展； 单词意思的过度扩展和扩展不足	单词句让位于两个词的电报式言语； 句子表现出明显的语义关系； 习得一些语法词素	使用手势和语调线索来澄清信息； 比较充分地理解谈话的交替规则； 言语中出现礼节的最初迹象	无

续表

年龄	语音	语义	词法/语法	语用	元语言意识
3~5岁	发音改进	词汇量扩大；理解空间关系；在言语中使用空间单词	按有规律的次序习得语法词素；知道转换语法的大多数规则	开始理解言语内的潜在意图；对言语做一些调整以适应不同听众；尝试阐明明显含糊不清的信息	一些音素和语法意识
6岁~青少年	发音变得像成人	词汇量显著扩大，青少年时期抽象单词的增加；语义整合的出现和改进	习得词法知识；纠正早期语法错误；习得复杂的句法规则	沟通技能改进，尤其是察觉和修改所发出和收到的不充足信息的能力	元语言意识蓬勃发展，并随年龄增长发展范围更广

二、理论应用

语言是一门具有无穷魅力的艺术，家长和教师要在掌握规范化语言的基础上，充分发挥语言的魅力，采用适当的方式促进儿童语言的发展。

首先，对于尚不能说出单字词的孩子，家长和教师要跟随孩子的兴趣提供语言刺激，鼓励孩子用声音和手势来表达需要。同时，用母语与孩子交谈，包括自问自答、重复说话、强调新词、夸张语调、短句、描述眼前发生的事情等，并鼓励模仿成人的动作、口型和声音。

其次，对于处于单字词阶段的孩子，家长应将孩子不完整的说话加以修正，把孩子的声音和身体语言翻译出来，使其成为完整句。例如孩子指着果汁说"汁汁"，家长可回应说："你想喝果汁呀！"此外，还可使用简单问句引导孩子说话，当孩子不知道如何回应时，家长可以用口型、示范或帮助孩子用正确口型说出目标字。同时也要学会运用暗示的方式，利用问题或未完成的句子引导孩子说话。

再次，对于处于短句阶段的孩子，家长可将孩子完整的说话加入新内容，使说话的内容更丰富。例如，孩子说"我去麦当劳"，家长可回应说："你去麦当劳吃薯条汉堡。"对于孩子的正确句式和发音，家长要及时给予认可和赞美，在日常生活中多使用开放式的问题与孩子交谈，如"为什么""怎么样"等。

最后，对于处于复杂句子或以上阶段的孩子，家长在与其谈话时可以扩展内容，多联系实际事物，适当地加入因果事件的解释，帮助其理解表达的内在逻辑。

☑ 章末总结与延伸

一、提炼核心

1. 研究发现儿童能够快速学会复杂的符号系统即语言，以往研究者针对儿童语言的习得和发展提出了：语言学习论、语言先天论、语言交互作用论等理论。此外，研究者还着眼于语言发展的阶段性特点，将语言发展划分为五个不同时期以呈现语言发展的重要里程碑。

2. 学习理论家主张经验论或习得论，强调模仿和强化过程，且这两个过程在早期语言发展中功不可没。儿童会对成人言语进行模仿，并在成人的示范和强化合乎语法的言语的过程中获得语言。

3. 先天论者认为人类习得语言是生理发展的必然结果。儿童在获得语言的过程中具有主动性和创造性，且把握语言敏感期和语言学习规则对语言教学有重要作用。乔姆斯基的语言获得理论指出人类具有语言习得机制，它是一个与生俱来的包含普遍语法或对所有语言通用的规则知识的处理器，因此儿童只要获得足够多的词汇就可以通过语言习得机制发现语言的深层结构以及将其转换为表层结构的转换规则，从而理解、产生、创造性地使用语言。

4. 语言交互作用论认为，语言发展是生理因素、认知发展和环境等因素交互作用的结果。交互作用论者强调语言主要是一种沟通工具，需要社会互动的背景。由此语言的学习途径包括：（1）从共同活动中学习；（2）从儿童指向型言语中学习；（3）从错误提示中学习；（4）从交谈（社会互动）中学习。

5. 语言发展阶段是重要发展里程碑，其主要发展阶段和发展特点如下表所示：

表 4-2   **语言发展阶段及发展特点**

阶段名称	特　点
前语言时期	在习得语言之前； 对语言能够做出反应； 尝试发声（咿呀声和咕咕声）； 出现前言语手势
单词句时期	用单词句讲话，以一次一个单词的速度迅速扩大词汇量； 在 18~24 个月出现词汇量迅速增长（命名爆炸）； 常常出现拓展不足和过度拓展的语义错误
电报句时期	开始说出包含 2、3 个单词的简单句子； 语句中往往省略不太重要的单词和语法标点； 已经开始注意特定的词序表达
学前期的语言学习	加上了语法词素； 学会了转换规则，可以将陈述句转化为疑问句、否定句、祈使句、关系从句，或者是复合句； 逐渐开始理解和表达对比关系，如大和小，宽和窄等； 掌握了许多交谈技能，帮助沟通以达到自己的目的
童年中期和青少年时期的语言学习	使用许多复杂的语法形式； 词汇量迅速增长； 元语言意识迅速发展，使其能做出超越实际言语意思的语义推断； 沟通技能改进，尤其是察觉和修改所发出和收到的不充足信息的能力

二、教师贴士

(一)注重儿童模仿和强化的过程，提供适时的语言训练指导

模仿和强化是儿童语言发展的重要过程，因而对儿童的语言进行有计划的训练是很重要的。教师要运用有效的教学方法，给予儿童反复练习的机会。同时和儿童交谈时要注意语音、语调的正确和语言的规范化，为儿童提供良好的语言范式。

(二)尊重儿童语言学习过程中的主动性和创造性

1. 调动儿童学习兴趣。教师在教学过程中要充分调动儿童说话的积极性，必要时给予一定的鼓励和表扬，激励儿童主动参与交谈，体会到语言的魅力。

2. 引导儿童创造性地使用语言。在进行语言教学时，教师应鼓励学生从简单到复杂按照规则造句，而不是保守地要求他们模仿句型。也应要求他们根据规则，按不同的环境创造性地运用语言。

三、家庭应用

(一)为儿童创造积极、丰富的语言环境

1. 父母要注重和儿童多进行语言沟通，提供互动机会。父母可以从共同活动中向孩子示范如何与对方交流；父母对孩子使用指向型言语介绍物体，帮助孩子进行更多的信息加工；对于孩子出现的错误信息要及时纠正；亲子沟通还可以帮助孩子接触更多的言语样本，拥有更多的机会使用语言。

2. 注意给儿童创设丰富的生活环境。一方面让儿童有更多的机会与各种各样的人交往、操练、扩展自己的语言经验，另一方面创造丰富而真实

的交际环境，尤其是儿童熟知且感兴趣的交际情景，如游乐园、动物园等，让他们置身于尽可能真实的语言环境之中，帮助儿童开阔视野，引导儿童不断发现新事物，加强对周身事物的认识和理解，由此真正提高儿童的实际语言能力。

3. 在孩子面前注重对言语的规范性表达，树立良好榜样。成人的语言输入是影响儿童语言学习的重要因素，在与儿童交谈时，父母要关注自己的榜样效应，注意语音、语调的正确和语言的规范化，为儿童提供良好的语言范式。儿童习得的语言会受到家庭成员的价值观念、教育水平及语言水平等的影响。作为家长还应努力提高文化素养，营造良好的家庭文化环境。

(二)抓住语言发展敏感期

语言先天论者伦尼伯格指出，从出生到青春期之前，由于偏侧化的人类大脑对于语言功能变得越来越专门化，能够很轻松自然地获得语言。错过了语言学习的敏感期，语言的习得能力就会受到限制，语言学习就变得越来越困难。0~3岁是婴幼儿语言发展的关键阶段，家长要抓住这个阶段培养孩子的语言表达能力以及言语理解能力，帮助他们积累词汇量，培养语感，使儿童在最初的语言能力形成上获得较好的发展。

(三)遵循儿童语言发展规律

首先，对于尚不能说出单字词的孩子，家长和教师要注重引发幼儿在日常生活中的回应，跟随孩子的兴趣提供语言刺激。在日常生活中如在给婴幼儿喂奶、盥洗的时候进行有意义的语言输入，婴幼儿的配合度会更高，更积极地关注到成人的语言内容。其次，对于处于单字词阶段的孩子，家长应重复孩子的话，将孩子不完整的说话加以修正，把孩子的声音和身体语言翻译出来，使其成为完整句。对于处于短句阶段的孩子，家长可将孩子完整的说话加入新内容，使说话的内容更丰富。最后，对于处于复杂句子或以上阶段的孩子，家长在与其谈话时可以扩展内容，多联系世界事物，适当地加入因果事件的解释，帮助其理解表达的内在逻辑。

四、实践练习

1. 在教学过程当中，教师需要引导孩子尽可能多地去进行语言表达。随着孩子的回答要给予足够的耐心，追问更多的问题，尝试将孩子的回答与不同的生活经验结合起来。如"你看过小鸭子游泳吗？它游起来像什么呢？"

2. 朗读能够给家长提供和孩子建立亲密关系和促进交流的机会。家长可以通过大声朗读描述故事发生的事情并让孩子进行复述的方式锻炼孩子的语言表达能力，等孩子掌握一定的词汇量时可以鼓励孩子深入理解故事，提出一些问题并邀请孩子解答。

第五章　儿童记忆发展

记忆是儿童认知发展的重要方面，皮亚杰和维果斯基都将儿童视为积极的行动者，这对于我们理解认知的发展有极其重要的意义。但这两种理论也存在一定的缺陷，随着一项开创性发明——电脑的出现，许多科学家开始关注如何运用电脑来快速而系统地将输入（信息）转换为输出（答案或解决方法）。对此，人们不禁产生这样的疑问：在某些特定的方面，电脑的操作方式与人脑的思维方式是否有相似之处？人脑具体是如何加工信息的呢？记忆作为认知过程的基础，它又有哪些特点呢？

为了回答上述问题，本章将着重介绍以下理论：阿特金森（Atkinson）和希弗林（Shiffrin）提出了信息加工系统的多重存储模型（multistore model）；米勒（Miller）提出了神奇的数字"7±2"理论来阐述短时记忆的容量；艾宾浩斯（H. Ebbinghaus）的遗忘曲线描绘了遗忘规律；西格勒（R. S. Siegler）提出的适应性策略选择模型指出，任何年龄段的儿童都有许多不同的策略。

第一节　大脑就像一台电脑
——阿特金森和希弗林的多重存储模型

信息加工论者将人脑看作电脑，而思维实质上就是信息加工的过程：人们在一个容量有限的系统中，通过使用不同的认知操作或策略对信息进行加工。尽管到目前，认知或认知发展研究还没有形成一个统一的信息加工论点，但50多年前，阿特金森和希弗林提出的信息加工系统的多重存储模型对我们理解人类如何思维有十分重要的指导作用。

一、理论介绍

阿特金森和希弗林认为人的信息加工系统中包含了三种记忆存储器：感觉登记器（sensory register，SR）、短时存储器（short-term store，STS）和长时存储器（long-term store，LTS），这三种存储器在信息加工过程中发挥着不同的作用。

如图 5-1 所示，当输入信息进入人脑后，第一步就是感觉记忆或感觉登记，这是系统的登记单元。感觉记忆只是把感觉到的原始信息作一种图像或回声暂时存储起来，每一种感觉都有特定的感觉登记器。感觉记忆可以存储大量的信息，但只能保存极短的时间（如视觉的感觉记忆只有几毫秒）。因此，感觉记忆中的内容十分丰富，但如果没有进一步加工，这些内容很快就会消失。

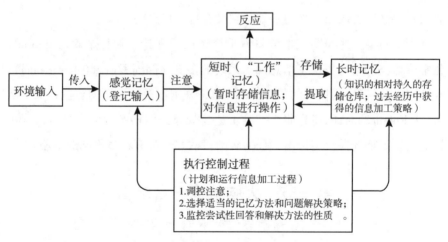

图 5-1　人类信息加工系统示意图

（资料来源：谢弗，基普 . 发展心理学：儿童与青少年［M］. 邹泓，等译. 北京：中国轻工业出版社，2009.）

不过，如果感觉记忆中的信息被注意到了，那么，这些信息就会进入到短时记忆中。短时记忆虽然只能存储有限的信息(约为 5~9 个组块)，但是存储的时间可以达到几秒钟。因此，有了足够的短时记忆容量，如果拨打电话，你就能记住这个电话号码。同样，短时记忆中存储的信息如果没有得到进一步的加工，也会很快消失。因此，我们有时也把短时记忆称之为初级记忆或工作记忆，因为所有有意识的智力活动都始于这里。短时记忆或工作记忆有两个功能：(1)暂时存储一定数量的信息；(2)运用这些信息帮助人们做一些特定的事情。

最后，在短时记忆中加工的新信息会存储到长时记忆中。复述(rehearsal)是短时记忆信息存储的有效方法，复述可以分为两种：一种是机械复述(maintenance rehearsal)，即将短时记忆信息不断地简单重复；另一种是精细复述(elaborative rehearsal)，即将短时记忆信息进行分析，使之与已有的经验建立起联系。研究发现，只有机械复述不能达到较好的记忆效果，精细复述是短时记忆存储的重要条件。长时记忆可以储存大量的信息，存储的时间也相对更持久。长时记忆内容包括：个体掌握的知识，个体对过去经历事件的印象以及个体在加工信息和解决问题时所运用的策略。

当然个体在信息加工过程中并非只是被动地接受信息，事实上，哪些信息会被注意以及信息怎样在各系统中转换都是由人类个体决定的。除此以外，在信息加工过程中还存在执行控制过程，即计划和监控个体注意什么样的信息，以及怎样处理这些信息。我们有时也把这种执行控制过程称作元认知——关于自我认知能力和思维过程的知识。这也正是人类信息加工过程与电脑操作过程最大的区别所在，也就是说，与电脑不同，人类个体必须自己决定注意哪些信息，自主选择使用哪种策略来保存和提取输入的信息，自己选择解决什么样的问题，并自行组织解决问题的程序。

这就是整个信息加工的过程，很明显，与电脑相比，人类个体信息加工过程更加多样化。

二、研究支持

(一)感觉记忆的发现

美国心理学家斯珀林(Sperling,1960)首先发现在记忆中存在感觉记忆阶段,他在研究图像记忆时首创了部分报告法(partial-report procedure)。在实验中,他用速示器以 50 毫秒的时间呈现有 3 行字母的卡片,每行字母为 3 个或 4 个,自上而下每行字母分别配以高、中、低三种音调信号,要求被试在字母卡片呈现后,根据出现的不同声音信号,对相应一行的字母马上作出报告。高音出现时立即报告第一行字母,中音出现时马上报告第二行,低音出现时报告第三行字母。声音信号是随机编排的。结果发现,被试几乎每次都能够正确地报告出任意一行字母中的 3 个或 4 个。由于实验过程中三种声音是随机出现的,被试并不知道声音信号出现的顺序,因此被试必须记住全部项目才能根据声音信号做出反应(如图 5-2 所示)。由此推算,被试能够报告出来的字母项目数平均为 9 个。部分报告法的实验表明,在人的记忆系统中确实存在着感觉登记,它能够有效保留由感觉通道输入的刺激信息,为进一步信息加工提供材料和时间。

X	M	R	J
C	N	K	P
V	F	L	B

图 5-2　部分报告法实验中的字母

(二)短时记忆与长时记忆的存在

自由回忆实验证明了短时记忆与长时记忆的存在。在自由回忆实验中,实验者要求被试学习 32 个单词的词表,并在学习后要求他们进行回忆,回忆时可以不按原来的先后顺序。结果发现,最后呈现的项目最先回忆起来，其次是最先呈现的那些项目，而最后回忆起来的是词表的中间部分。在回忆的正确率上，最后呈现的词遗忘得最少，其次是最先呈现的词，遗忘最多的是中间部分。这种在回忆系列材料时发生的现象叫系列位置效应(serial position effect)。最后呈现的材料最易回忆，遗忘最少，叫近因效应(recency effect)。最先呈现的材料较易回忆，遗忘较少，叫首因效应(primary effect)。此外，还有研究发现，慢点陈述会使首因效应更显著，而近因效应则不受影响，这也证明了短时记忆存储与长时记忆存储并非同一种，首因效应与长时记忆有关，而近因效应与短时记忆有关。

(三)短时记忆的存储

克瑞科和沃金斯(Craik & Wathins, 1973)的研究表明，只有机械复述并不能加强记忆。研究者让被试听若干个单词，并要求被试记住其中最后一个以某个特定字母(如字母 K)开头的单词。在单词系列中，有几个以 K 开头的单词，但实验只要求被试记住最后一个以 K 字母开头的单词，因此当被试听到下一个以 K 开头的单词时，就可以放弃前面的那个以 K 字母开头的单词了。由于在这些以 K 开头的单词之间所间隔的其他单词数不等，因此每个以 K 字母开头的单词得到复述的机会是不等的。实验结束后，研究者出其不意地要求被试回忆所有以 K 字母开头的单词，结果发现这些以 K 字母开头的单词的回忆成绩并没有差异，说明简单的机械复述并不能导致较好的记忆效果。

蔡斯等人(Chase & Ericsson, 1981)曾报道了一例个案，B. F. 可以回忆 80 个数字。进一步的研究发现，B. F. 原来是一名长跑运动员，因此他将那些随机数字组成为各种长跑距离所需要的时间。例如，他把"3，4，9，2，5，6，1，4，9，3，5"记作"3 分 49 秒 2——跑 1 英里，56 分 14秒——跑 10 英里，9 分 35 秒——慢跑 2 英里"，这样他通过和长时记忆建立联系的方法，将无意义随机数字转化成了有意义的、便于记忆的组块。由此说明，精细复述是短时记忆存储的重要条件。

三、理论应用

记忆的多重存储模型形象地展示了记忆的信息加工过程，也为当代幼儿教育提供了启示。

(一)教学形式充分利用感觉记忆的特点

任何知识的记忆的形成，都离不开感觉登记的阶段。在教学过程中教师需要先通过视觉和听觉的物理刺激输入让学生感觉到这些信息，进而才能进入下一个阶段的信息加工过程。研究表明，感觉登记有两种形式：图像记忆和声像记忆。他们各自的特点有所不同，图像记忆的信息容量大，但保存时间短。声像记忆的记忆容量稍小，但保持时间长。所以在知识呈现环节，教师可以采用图像和声音相结合的形式来达到感觉输入的最好效果。在如今的多媒体时代，教师的教学资源不再局限于课本，图片、视频、互动多种形式结合的教学方式更能吸引学生的注意力，从而有利于将感觉记忆转化为短时记忆。

(二)教学内容的呈现需考虑系列位置效应

记忆的系列位置效应说明不同位置的学习材料将会给儿童留下不同程度的印象，这就提醒教师在呈现教学内容时不仅要考虑知识本身的逻辑，还要考虑学生记忆的特点。例如根据首因效应，教师可以在课堂的一开始就将本节课的重要知识点呈现出来，给学生留下较为深刻的印象；根据近因效应，教师可以在课堂快结束时带领学生再次回顾本节课的学习内容，使学生的记忆更加牢固；而在课堂中间，教师可以安排学生做一些练习或进行一些有趣的活动，活动相对知识来说会更吸引学生，因此即使呈现在中间，也能给学生留下印象。

(三)利用精细复述的教学方式增强记忆效果

研究表明仅仅依赖机械复述并不能提高记忆效果，精细复述才是短时记忆信息转化为长时记忆的重要条件。针对学习内容，教师仅仅让学生死记硬背是没有用的，学生在没有真正理解的基础上重复再多次，虽然短时间内看上去很有效，但是时间一长，就会遗忘得非常迅速。因此为了提高学习效果，教师在教授知识的时候，应该要帮助学生发现知识间的内在联系，通过已有知识来更好地理解新知识，从而达到更好的学习效果。

第二节 神奇的数字"7±2"
——儿童的短时记忆容量

你是不是觉得记 5 位以下的数字比较简单，而到八九位就比较费劲，需要背好几遍才能记住呢？对于大多数人来说，在短时间内一般能记住 7 个单位的内容。在日常生活或学习中，我们常常会遇到记得快、忘得也快的现象。比如电话号码：7132084。一般我们只需读一遍，就可以准确拨号，但打完电话后，号码也忘得一干二净了。这是为什么呢？这是由我们记忆容量（又称记忆广度）的有限性决定的。

一、理论介绍

前面我们已经介绍记忆可以分为感觉记忆、短时记忆和长时记忆三种，其中短时记忆的容量又叫记忆广度，是指信息一次呈现后，个体回忆的最大数量。短时记忆的容量有限，一般成年人为 7±2 个信息单位（组块）（Miller，1956）。与成人相比，儿童的短时记忆容量要相对小一些。随着年龄的增长，儿童可以记住的东西越来越多，记忆的容量也越来越大，逐渐接近成人水平。虽然一些研究因实验条件不同结果有所变化，但短时记忆容量的发展趋势是一致的，即随年龄增长而增加。

短时记忆的容量 7±2，是以单元来计算的。一个单元可以是一个数字字母、音节，也可以是一个单词、短语或句子。单元的大小随个人的经验组织而有所不同。在编码过程中，将几种水平的代码归并成一个高水平的、单二代码的编码过程叫组块（chunking）。以这种范式形成的信息单位叫做块(chunk)。因此，可以利用已有的知识经验，通过扩大每个组块的信息容量来达到增加短时记忆容量的目的。例如，数字1，9，1，9，5，4，凡熟悉中国现代史的人都能够形成一个块191954，知道这是爆发"五四运动"的时间，不熟悉中国历史的人则不能够形成单一的信息块，而将其编码成一串无意义的数字。

二、研究支持

(一)儿童短时记忆容量的发展

为研究小学儿童记忆容量的发展特点，钱含芬以90名小学一、三、五年级学生(各30名，男女各半)为研究对象进行了实验研究。她采用WISC-R中的"背数"分测验进行测试，以总分作为记忆广度的成绩，以测题都通过的最高位数记作短时数字记忆广度。

结果表明，小学儿童短时数字记忆广度随年龄增长而提高。各年级儿童的顺背数字广度(最高通过位数的平均数)分别是：一年级为六至七位(5.70±0.84)，三年级为七至八位(6.83±1.05)，五年级为七至八位(7.12±1.09)。经过方差分析检验发现，不同年级儿童数字记忆广度成绩存在显著差别。具体来说：一年级儿童与三年级、五年级儿童的数字记忆广度成绩的差异非常显著，三年级儿童与五年级儿童的数字记忆广度成绩则无显著差异。这表明，7~9岁这一年龄阶段是短时记忆容量迅速发展的时期。

(二)组块提高记忆的容量和效率

默多克(Murdock，1961)的实验证实了这种作用。他用听觉方式先向被试分别呈现三组不同的材料：第一组是由3个辅音构成的3字母组合如PTK；第二组是由3个字母组成的单词如HAT(帽子)；第三组是3个单词如EAR(耳朵)—MAN(男人)—BED(床)，然后让他们进行回忆。实验结果表明，3字母组合与3个单词的回忆成绩差不多，而回忆3字母单词比回忆不相关的3字母组合的成绩要好得多。这说明一个单词是一个熟悉的单位——块。通过组块被试能大大地提高对一系列字母的记忆数量。

(三)知识经验影响组块

蔡斯和西蒙(Chase & Simon,1973)对象棋大师级棋手和业余新手棋局的记忆能力进行了研究,结果发现,对一个随机设置的棋局,象棋大师级棋手和业余新手的回忆正确率没有差别;而对一个真实的棋局,象棋大师的记忆准确性为64%,一级棋手为34%,业余新手只有18%。研究者认为,之所以产生这种差别是因为在真实的棋局中,高水平的大师和棋手可以利用丰富的经验发现和建立棋子之间的关系,形成组块,而在随机摆放的棋局中,大师的经验就很难发挥作用了。由此可见,个体的知识经验对组块有着很大的影响。

三、理论应用

孩子记忆力差怎么办?这是家长早期在养育孩子时常常会遇到的问题。如何帮助孩子增大记忆容量,记住更多的东西呢?可以从以下几个方面着手。

(一)根据儿童的记忆特点提出记忆要求

已有研究发现,儿童的记忆容量随着年龄的增长而增加,年龄越小记忆容量越小。因此,父母和老师应根据不同年龄儿童的记忆容量来提供相应数量的记忆材料,并提出适度的记忆要求。年幼儿童的记忆容量无法承载和负荷过多的记忆材料和过高的记忆要求,如果提出过高的记忆要求,不仅无法取得良好的记忆效果,还会挫伤儿童的学习积极性和信心。成人要在孩子能力范围内循序渐进地培养他们的记忆力,不能强迫孩子去记。有些家长认为,不能让孩子输在起跑线上,应该让孩子多学点,甚至把小学的内容提前到幼儿阶段学习,无视他们身心发展规律和现有的发展特点,这是有害无利的。

(二)激发儿童的记忆兴趣

"哪里没有兴趣,哪里就没有记忆。"歌德的话正说明了儿童的记忆特点。兴趣是孩子求知欲的体现。基于兴趣学习,会增强孩子学习的积极性,孩子对感兴趣的东西往往会表现出很强的记忆力。

因此,家长要有意识地激发孩子的记忆兴趣。从孩子的兴趣出发,记忆效果会更理想。家长要鼓励孩子在兴趣的指引下,轻松快乐地去记忆,这样不仅记得快,而且记得牢。反之,如果一味强迫压制孩子学习、记忆,而不考虑其对记忆的内容是否感兴趣,不仅记忆效果不理想,还容易使孩子产生厌烦心理。

(三)利用丰富的知识经验提升组块容量

短时记忆的容量虽然有限,但是我们可以通过改变组块的容量来增加短时记忆的容量。组块受到个体知识经验和材料性质的影响,人的知识经验越丰富,组块中包含的信息越多。比如,我们要记住数字184019111949101时,可以将其分成三个组块,即1840、1911和1949101。这样我们就可以将这三组数字和中国发生的三大历史事件:鸦片战争、辛亥革命和中华人民共和国成立紧密联系起来,可使记忆变得简单、快捷。家长可以采取丰富孩子已有的知识经验,帮助孩子将已有知识和新知识相联系等方法,帮助孩子扩大记忆容量。

四、应用案例

为了提高学生的英语词汇记忆能力,张老师对初中三年级学生进行了组块记忆策略的训练。对照组为初三(1)班的学生,实验组是初三(2)班的学生。训练步骤如下:第一步,出示与策略有关的词,让学生先尝试记忆,再请学生讲他的记忆过程和方法。第二步,简评学生的记忆方法并给予积极的鼓励,而后讲解具体的策略,让学生领悟策略。第三步,让学生运用刚学的策略记忆生词。第四步,引导学生再次对自己的记忆过程和方法及对策略本身的优缺点进行反思、评价。第五步，复习巩固策略，主要是完成课后作业。

其中，相应的训练策略有：（1）由新联想旧。引导学生分析新旧词之间的内在关系，展开联想，在大脑中形成新的组块，从而记住新词。如 happy-unhappy，possible-impossible，space＋ship＝spaceship，这样记忆单词会收到举一反三的效果。（2）习惯搭配套用扩展联想。引导学生联系生词的搭配来记忆生词。如学习 prevent 时可以联想到 prevent/stop/keep...from...，学习 possession 时可以想到 take possession of 和 in the possession of。这样既学习了新词，又掌握了它的用法，使记忆的组块扩大。（3）同韵头同韵尾词联想。英语中有许多词具有相同的词尾，学习新词时，可以通过联想将这些词组合起来，形成一个大的组块，这样，既复习了旧词，又掌握了新词。如 lake-make-cake-bake-take，可以用这些词设想一些情境，如在一个 lake（湖）边，有一群学生在野餐，有的学生在 making a cake，有的在 taking baking，这样有利于记忆。（4）形象图片联想。有些单词用简笔画或一个简单的图形、图片能帮助学生在大脑中想象出该词的具体形象，建立起一定的联系，从而扩大已有的词块。如 plane、horse、monkey 等。（5）语义联想。许多英语单词可以形成关系网，如同义词、近义词、反义词等，如 quick-fast、difficult-hard、empty-full、heavy-light 等。可以利用单词语义之间的联系，对所学单词进行归类记忆，丰富词汇，形成牢固的组块。研究发现，与对照班相比，经组块记忆策略训练的实验班学生的词汇测试成绩有了明显的提高。期末总成绩对照表也显示，实验班学生的词汇测试成绩明显高于对照班学生。该研究结果表明，教学生使用组块记忆策略学习词汇，可以有效提高词汇学习的效率。

（资料来源：张宁. 组块构建记忆策略训练提高初中学生英语词汇学习质量的应用研究[D]. 济南：山东师范大学，2010.）

点评：利用组块可以很好地扩大短时记忆容量，提高记忆的效率，案例中的张老师也巧妙地通过这种方式来帮助学生更好地记忆英语单词。此外，她还通过联系旧知识的方式使学生对新知识有更深的记忆。

第三节　遗忘的规律
——艾宾浩斯的遗忘曲线

恐怕对儿童来说，他们学习路上最大的敌人就是遗忘了。虽然我们常说小孩子记性好，但是哭着喊"我记不住啊！"也是常有的事，那么遗忘有什么规律吗？我们是否可以利用遗忘的特点来更好地帮助孩子记忆呢？德国心理学家艾宾浩斯给我们描绘了一条遗忘曲线，让我们能更清楚地看到遗忘的过程。

一、理论介绍

艾宾浩斯最早研究了遗忘的发展进程，并根据实验结果将遗忘过程绘制成了一条曲线（见图 5-3），即著名的艾宾浩斯遗忘曲线（the curve of forgetting），横轴代表时间，纵轴代表知识的保持量。从图中我们可以看出遗忘在学习之后立即开始，遗忘是有规律的，且遗忘的速度不平均，最初进展很快，以后逐渐变慢。例如，在学习 20 分钟之后遗忘就达到了 41.8%，这也是很多学生经常抱怨的，明明刚刚背过，却像没背过一样，什么都不记得了，然而到了 31 天之后，遗忘也仅达到 78.9%，虽然剩下的不多，但也能维持很长一段时间。这一遗忘发展的规律就启示我们，要及时安排复习，巩固学习内容，以免大规模的遗忘。

二、研究支持

为了研究记忆遗忘的机理，揭示"保持与遗忘"和时间的联系，艾宾浩斯在以自己为最初研究对象的基础上，对其他被试进行了大量重复试验。为了排除已获得的知识经验对记忆的影响，他设计了一种全新的记忆材料——无意义音节，这种音节本身没有任何意义，仅仅能够拼读出来，例

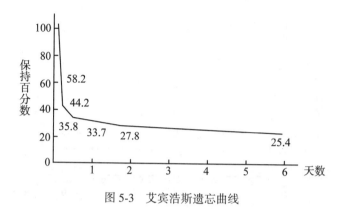

图 5-3 艾宾浩斯遗忘曲线

（资料来源：边玉芳，张瑞平 . 儿童发展心理学［M］. 杭州：浙江教育出版社，2015.）

如 XIQ、ZEH 和 GUB 等。与此同时，在实验过程中，他也严格控制了其他影响因素（学习时间、诵读次数、记忆间隔时间、记忆方法等），从而保证了测量结果的一致性和可靠性。

首先要求被试记熟无意义音节材料，直到能够按音节的排列顺序回忆这一系列音节为止，同时记下完全记住所用学习次数。在被试达到学习标准后，让其以不同的间隔时间学习同样的材料。艾宾浩斯不断增加两次学习的时间间隔，以计算不同时间间隔的记忆保持量。

结果发现，初次学习后，过 20 分钟，记忆的内容遗忘很快，保持下来的仅剩 58.2%；1 小时以后，剩 44.2%；31 天后，还能记得 21.1%。这说明，人类的遗忘遵循"先快后慢"的原则。

遗忘曲线最初是针对无意义音节而言，之后艾宾浩斯又获得了不同性质材料的不同遗忘曲线，不过它们大体上是一致的，见图 5-4。

三、理论应用

（一）指导学生在第一时间复习巩固

艾宾浩斯遗忘曲线揭示了遗忘在数量上受时间因素制约的规律：遗忘

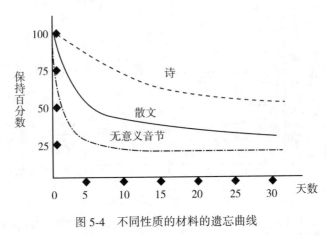

图 5-4　不同性质的材料的遗忘曲线

（资料来源：边玉芳，张瑞平．儿童发展心理学［M］．杭州：浙江教育出版社，2015.）

随时间递增；遗忘增加的速度是先快后慢。根据这一规律，背诵材料要在第一时间安排第一轮复习，并及时安排以后的复习。教师要指导学生在对记忆信息刚要遗忘但还没有遗忘的时候，及时强化巩固，这比信息完全忘掉以后再复习要容易。此外，教师也要帮助学生合理分配复习时间。因为根据遗忘规律，复习的次数应逐渐减少；开始时复习的时间可适当延长，以后逐渐减少。

（二）采用有意义的材料，在理解的基础上进行记忆

艾宾浩斯发现，记住 12 个无意义音节，平均需要重复 16.5 次；记住 36 个无意义音节，平均需重复 54 次；而记忆 6 首诗中的 480 个音节，平均只需要重复 8 次！这告诉我们，理解知识后，能够记得迅速、全面而牢固。否则，只是死记硬背，只能是费力不讨好。理解是记忆的基础，这就要求我们要高度重视学生对知识的理解，帮助他们积极寻找记忆材料之间的联系，对那些看似独立的记忆材料，通过编故事、联想等方法帮助记忆，从而高效率地进行记忆，拒绝死记硬背。

（三）选择生动形象的学习材料，控制学习数量

一般认为对熟练的动作和形象材料遗忘得慢，对于低年级学生，教师可以尽量选用一些生动形象的学习材料，例如学习古诗时，教师可以用小视频的方式来呈现古诗，既能吸引学生注意，也能防止学生遗忘。此外，研究发现，在学习程度相等的情况下，例如背诵相同遍数的情况下，识记材料越多，忘得越快，材料少，则忘得较慢。因此教师要控制学生每次学习的数量，不要贪多。

四、应用案例

在一次考试分析会上，进步最快的小王作了学习方法交流。他说："大家可能都觉得很神奇，这次我的成绩这么好，进步这么大，是不是有什么秘诀呢？"原来，小王之所以进步这样大，是因为了解了遗忘的规律后，采用了一种与以往不同的学习方法。他把这种方法称为五次滚动复习法，即先把基本概念、基本观点整理好，然后及时温故。

小王是这样复习的：周一早上复习一次，晚上同样的内容再复习第二遍，三天后复习第三遍，一周后复习第四遍，两周后复习第五遍。前两次复习是第一天内完成的，后两次复习是三周内完成，这样的安排符合艾宾浩斯的遗忘规律。有的同学可能认为，一个月复习五次，一定需要很长时间。其实，一个模块一般只需复习 20 分钟左右，学习起来很轻松，记忆的效果也很好。

（资料来源：季成伟. 巧用心理效应实现快乐记忆[J]. 教育与教学研究，2013，27（6），119-121.）

点评：小王在掌握了艾宾浩斯遗忘规律后将其应用于自己的背诵中，并取得了很好的效果。我们一起来看一看他是如何应用的：艾宾浩斯遗忘曲线表明，最初遗忘是最快的，因此小王在学习新的内容之后，当天晚上又进行了复习，对所学内容起到了很好的巩固作用；因为遗忘速度会逐渐

减慢，因此小王在第二遍复习完之后并不急于第二天立刻复习，而是选择在第三天、一周后和两周后复习，在减少遗忘的基础上提高学习效率。

第四节　选择最有效的策略
——西格勒的适应性策略选择模型

认知过程有不同的方式。有些认知过程是自动执行的，人们思维的时候可能察觉不到。比如，你在观察一幅画的时候，你会自动将其看成一幅完整的画，而不是一个支离破碎的图形。另外一些认知过程则需要意识的参与，也需要个人的意志努力。比如，观察同样一幅画，如果要寻找特定的细节（如游戏"寻找沃尔多"或"大家来找茬"），那就需要意志努力，聚焦在该细节之上。这样的认知加工过程就被称之为策略（strategies），同样，策略也是随年龄而发生显著变化的。西格勒的适应性策略选择模型（adaptive strategy choice model）就为我们介绍了儿童在解决问题时所用的策略是如何随年龄发生变化的。

一、理论介绍

儿童的认知策略并不是阶段性发展的，即儿童策略发展的方式不是由复杂有效的策略代替较早产生的策略。所有年龄阶段的儿童都有多种不同的策略，他们在解决问题时会自行在这些策略中选择使用。西格勒的适应性策略选择模型的主要观点包括以下几个方面：

（一）强调策略选择的适应性

儿童的策略运用具有适应性。西格勒把儿童的策略分为两类：提取策略和支持性策略。提取策略是指儿童在解决问题时没有任何可见的外显行为（如发出声音、掰手指头）而直接说出答案；支持性策略是指在解题时，如边做题边发出声音或掰手指头、拼写时查字典等。虽然提取策略比支持性策略省力、快速，但儿童在解决复杂问题时会转而选择支持性策略以保证答案的正确性。此外，在已有的众多支持策略中选择时也具有适应性。例如，当两个加数的差异很大时（如9+2），儿童更常用最小化策略，而不是求和策略。

（二）策略运用的多样性

西格勒等认为，儿童的策略运用是变化多样的，他们会同时使用多种策略，既包括提取策略，也包括口头数数、数手指、分解等支持性策略。在获得策略的早期阶段，儿童多使用单一的策略；当儿童从不熟练过渡到熟练操作时策略的多样性特别明显。西格勒的策略理论以熟悉环境中的认知发展规律为出发点，这对认识儿童的认知能力及发展状况是一个有益的补充。

（三）策略的发展变化

西格勒认为策略的发展并不是一个抛弃简单的旧策略，形成更复杂的新策略的过程。而是儿童的每一种记忆策略都存在于思维当中，旧的策略并不会消失，它们只是被搁置起来等待被使用的机会，当复杂的新策略不适用或不能得到正确答案的时候，它们就会被重新使用。因此，西格勒认为策略的发展不是一个阶梯式的过程，而是一个重叠发展的过程（见图5-5）。

二、研究支持

西格勒及其同事（1996；2000）做了一个关于幼儿算术策略的研究。幼儿在学习加法的时候，会经常使用"数数策略"，大声说出数字（如，5+3＝？幼儿会说："1、2、3、4、5［暂停］6、7、8。"）。比数数策略更复杂的则是从较大的数字（如，5）开始数（"5［暂停］6、7、8"），这被称之为"最小策略"。比最小策略更复杂的策略则是幼儿"正好知道"问题的答案，即不需要数数，就可以直接从长时记忆中提取答案（如，问幼儿5+3＝？他会直接回答"8"），称为"记忆提取"。横断研究发现从使用数数策略到使用最小策略再到使用记忆提取策略，儿童的成绩是逐渐提高的。进一步分析表明，儿童在任一

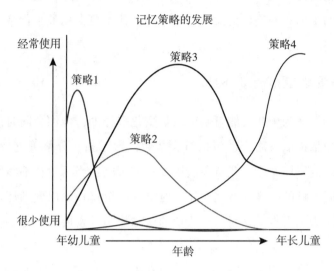

图 5-5　西格勒的适应性策略选择模型

（资料来源：谢弗，基普．发展心理学：儿童与青少年［M］．邹泓，等译．北京：中国轻工业出版，2009.）

阶段都会使用这些不同的策略，只是每一种策略使用的频率会随年龄的增长发生变化，年龄较大的儿童倾向于使用更复杂的策略。

三、理论应用

（一）了解儿童在解决认知任务中使用策略的表现及特点

教师应了解儿童在解决认知任务（如数学运算、阅读、记忆任务等）中的表现及特点，这有助于根据儿童的认知发展规律设计和实施相关教育活动，采取适合儿童的个别化的教育指导。例如，观察和注意儿童在思维过程中语言和动作等方面的表现，并追问儿童："你是怎么想的？"由此可以判断儿童采用的策略类型，更为细致、真实地反映儿童记忆能力的进步，也有助于家长转变对儿童策略的认识偏差与态度。

（二）指导儿童运用策略

随着年龄的增长，儿童使用认知策略的熟练程度增加，但并不遵循阶段性的发展模式。西格勒的适应性策略选择模型指出，儿童有多种策略可以使用，各策略之间是相互竞争的关系。例如，拼写时查字典是儿童早期使用的策略，随着他们语文知识的增长，使用该策略的频率也随之减少，但并不是说这些策略就不再使用了。教师在教学活动中，应留下足够的时间让儿童思考，而不是要求快速解答。还可以让儿童报告具体的解决方法。此外，在解决问题时，要鼓励儿童采取多种认知策略。同时，教师也应根据儿童策略发展的规律和水平提供适宜的指导，尤其是对缺乏使用策略或低效的儿童，要引导他们尝试使用更复杂的问题解决策略，培养他们灵活、多样的问题解决策略。

⊡ 拓展阅读

如何教授策略的综合模型

普莱斯利和沃勒辛（Pressley & Woloshyn，1995）针对如何教授策略提出了一个综合模型，主要包括以下几点：

1. 每次教授的策略数量要少，并作为课程内容的一部分，集中广泛地练习。最开始时每次最好只教授一种策略，直到学生对该策略的思路完全熟悉。

2. 对每种新的策略加以解释和演示。

3. 对策略某些较难理解的部分进一步解释和示范（学生对策略往往是自己逐步建构，一次理解一点点）。

4. 给学生讲解策略的使用范围，虽然他们在应用策略过程中自己也会发现这类元认知知识。

5. 提供充分的练习，尽力在适合的任务中使用策略。这类练习有利于增加运用策略的熟练程度，让人更清楚何时利用它，如何改进以

121

适应新情况。

6. 鼓励学生在使用策略时自我监控。

7. 鼓励保持使用策略和对策略加以推广，例如在学校里经常提醒儿童应用正在学习的策略。

8. 让儿童意识到学会有用的技能才是学习任务的中心目的，以此增强学生应用策略的动机。

9. 重视思维过程而非加工速度，尽力消除学生存在的高焦虑，鼓励学生认真学习，避免分心。

四、应用案例

对于初学加减法的儿童，一般是使用动手操作、建构事实的方法，使他们了解加减法的含义。例如，问一个学龄前儿童，5 加 2 等于多少时，他会先数出 5 个(用手指、豆子、树叶、圆片等)，再数出 2 个，然后从头到尾数一次，合起来是 7 个。对于学习困难的儿童，教育者可以给予针对性的帮助，延长这一阶段的时间，然后逐渐脱离实物。在遇到困难时，可以先让儿童在头脑中呈现摆实物的样子，再计算出得数。这样做看起来很没有效率，但实际上是发展数学思维的基本途径，有助于培养学生的数感。

(资料来源：边玉芳，张瑞平. 儿童发展心理学[M]. 杭州：浙江教育出版社，2015.)

点评：儿童在刚开始接触算术问题时容易感到无从下手，家长和教师可以根据孩子的年龄特点，结合现实生活中的实际例子，帮助孩子理解问题，思考解决策略。在得到正确答案后，还可以继续鼓励孩子大胆尝试，尝试采用其他策略解决问题，并逐渐提高策略的准确率和效率。

第五节 重要发展里程碑

——记忆发展的过程

记忆是过去的经验在人脑中的反映，随着年龄的增长、活动范围的增大以及活动内容的丰富，幼儿记忆的容量和质量都在不断提高。每个孩子都有自己的记忆宫殿，用来安置他们全部的见闻和生活经验。这个宫殿里面不仅有孩子体验到的事件本身，还有这些事件发生时的情绪记忆等细节。

一、理论介绍

(一)0~3 岁婴儿记忆的发展

婴儿在发展出语言能力之前能够记住一些感知运动类的信息，但其记忆容量和时间都是有限的。尽管 3 个月大的婴儿已经可以记住一些细节信息，但这些信息只能保存 30 天。直到一岁之后，婴儿才逐渐表现出一定的外显记忆。

8 个月时，婴儿开始出现工作记忆，他们可以把新接受到的信息和过去的记忆进行比较和联系。8 到 12 个月大的时候，孩子就可以逐渐记住人脸了，因此也会出现"认生"和分离焦虑的情况。

1~2 岁时，幼儿的记忆有显著提高并拥有了初步回忆的能力。1 岁半时，他们逐渐会记得身边的一些事物，比如玩具和玩伴的名字。1 岁以后的孩子，因为语言的发展，可以开始用符号来帮助记忆。两岁时会拥有联想记忆的能力，可以记得几个星期前发生的事情。

(二)3~6 岁幼儿记忆的发展

儿童的记忆策略在这一阶段开始形成，他们逐渐学会使用视觉复述策略、特征定位策略和复述策略。视觉复述策略是幼儿使用的最简单的一种策略，就是有选择性地将自己的视觉注意力集中在要记忆的东西上。在视觉的不断刺激下，记忆得以加强。特征定位策略则指的是儿童在记忆过程中，按照记忆对象的特征点给它贴上相应的标签来方便记忆。而复述策略则是指在记忆过程中，儿童不断重复需要记忆的内容，这样能有效将短时记忆转化为长时记忆，记忆内容也会更准确更牢固。

此外，语言的发展也进一步促进了儿童的回忆和复述能力。2岁半到3岁的儿童可以大概记得一件事情的经过并描述出来，3岁以后幼儿可以回忆起几个月甚至更长时间的记忆。

3~4岁的幼儿的形象记忆和词语记忆的能力水平都不高，但是这些能力会随着年龄的增长发展。这个阶段，孩子会对自己感兴趣并且能引起情绪上的愉快反应的内容记得很清楚。而那些对他们来说印象不深，不感兴趣的内容会忘得很快。幼儿园中班的孩子可以在记忆过程中自动将内容进行分类，同时还可以把新认识的事物和一些情绪联系起来。再大一点的孩子可以对记忆材料做出更加细致的思考，找到规律来帮助自己的记忆。

(三)学前及小学儿童记忆力的发展

学前儿童的长时记忆有时会显得没有逻辑和规律，不过，若提供适当的线索和提示，他们也能记住不少信息。小学阶段，孩子进一步发展记忆策略，学会比如分类记忆法等策略。年长的儿童能和成人一样用语言来编码、记忆和报告他们的经历，此时记忆被加工储存。

小学儿童的数字记忆广度和成人的水平已经十分接近，而记忆容量的发展甚至超出了成人短时记忆的容量，成年人能回忆的数字平均在7±2个左右，而儿童有时甚至能达到11个左右的水平。

小学儿童擅长有关具体形象的记忆，但是有关抽象的词的记忆则较难建立。此时儿童具体形象记忆会有更大的优势。随着年龄的增长，孩子记忆词比直观材料会更快一些。随着年龄增长，具体形象记忆能力和抽象逻辑记忆能力的发展水平逐渐接近。

低年级儿童相对单个字的记忆，图画的记忆的效果更好。因为图画比词更生动，孩子更容易理解；中年级儿童对单字记忆的能力相对低年级会有所提高；随着儿童思考力、想象力的发展，高年级儿童单字记忆和图画记忆能力的发展状况逐渐趋近，抽象记忆能力也会提高。

二、理论应用

幼儿随着年龄增长，其分析能力逐渐成熟，感知觉的精确性也更高，这些能力的提高都为记忆发展创造了条件。家长可以根据前面提到的儿童记忆的特点，有意识地利用一些生动的事物和方法培养记忆力。在日常生活中，家长可以通过问答、亲子游戏等活动有意识地锻炼孩子的记忆能力。首先，家长可以同孩子一起对日常生活进行情景回顾，以提高记忆内容的丰富性。例如在经过一个游乐园时，可以问一问孩子："之前有没有来过这家游乐园玩过？""你记得这个游乐园里都有些什么好玩的项目吗？""你最喜欢玩哪个项目？"……通过简单的对话问答帮助孩子进行情景回顾，促进孩子记忆能力的发展。此外，还可以通过一些有趣的游戏来训练孩子的记忆能力，比如讲故事、猜谜语等，让孩子在玩中学，在玩中成长。例如，在给孩子讲故事的时候，可以在讲完后提出一些问题，比如问孩子最喜欢故事里的哪一个角色？他/她都做了什么事情？你为什么最喜欢他/她呢？通过对故事细节内容进行提问来帮助孩子理解故事情节，同时孩子对内容的记忆也会更加牢固。

☑ 章末总结与延伸

一、提炼核心

1. 信息加工论者阿特金森和希弗林提出了信息加工系统的多重存储模型，它包含感觉登记器、短时存储器和长时存储器。三者的特点和关系如下：

表 5-1　　　　　　　　　　　　　　三种记忆过程及特点

过　程	特　　点
感觉登记	将感觉到的原始信息存储起来，存储内容丰富，但保存时间极短； 可以通过注意进入短时记忆
短时记忆	存储内容有限，存储时间短； 短时记忆的信息可以通过复述进入长时记忆
长时记忆	永久保存信息

2. 大量研究证明了不同记忆类型的存在：（1）美国心理学家斯珀林（Sperling，1960）首先采用部分报告法发现感觉记忆；（2）自由回忆实验则证明了短时记忆与长时记忆的存在，在回忆系列材料时最后呈现和最先呈现的材料较易回忆的现象分别叫近因效应和首因效应，首因效应与长时记忆有关，而近因效应与短时记忆密切相关；（3）关于短时记忆的存储，克瑞科和沃金斯发现单纯的机械复述并不能加强记忆，蔡斯等人的研究则证明了精细复述是短时记忆存储的重要条件。

3. 短时记忆的容量是指信息一次呈现后个体回忆的最大数量，又称作记忆广度。其容量一般为 7±2 个信息单位（组块），组块的大小随个人的经验组织而有所不同，它可以是单个数字字母也可以是单词、短语或句子。因此通过利用知识经验扩大组块信息容量可以增加短时记忆容量。

4. 遗忘是存在规律的。根据艾宾浩斯遗忘曲线可以知道遗忘的速度是不平均的，最初遗忘速度很快，以后逐渐变慢。这一遗忘规律启示我们可以通过及时安排复习，巩固学习内容的方式避免大规模的遗忘。

5. 西格勒的适应性策略选择模型认为儿童在解决问题时选择的策略是会随着年龄变化而发生变化的，其模型的主要内容包括：（1）强调策略选择的适应性；（2）策略运用的多样性；（3）策略的发展变化。西格勒及其同事对幼儿算数策略使用的横断研究支持了这一模型。

二、教师贴士

(一)在教学过程中需充分考虑不同记忆类型的特点

1. 吸引学生注意,增强感觉登记。任何知识的记忆的形成,都离不开感觉登记的阶段。已有研究表明感觉登记有图像记忆和声像记忆两种形式,因此教师可以采用图像和声音相结合的形式来达到感觉输入的最好效果。随着多媒体技术的发展,教师还可以采用图片、视频、互动多种形式结合的教学方式吸引学生的注意力,增强感觉登记的效果。

2. 教学内容的呈现需考虑系列位置效应。系列位置效应说明了近因效应和首因效应的存在。由此可知,课堂的前25分钟是学习者精力充沛、注意力集中的最佳学习时间,教师应抓紧时间讲授新课。最后的10分钟可以强化本科的重难点,并作课时总结。中间的5分钟左右,教师可以采用复习或练习的手段强化新学的知识,并让学生在课中稍微放松一下。

3. 采用精细复述策略,增强长时记忆效果。精细复述才是短时记忆信息转化为长时记忆的重要条件,教师在教授知识的时候,应该要帮助学生发现知识间的内在联系,通过已有知识来更好地理解新知识,从而达到更好的学习效果。

(二)训练学生扩大组块容量,增强短时记忆

默多克实验证明了通过组块被试能大大地提高对一系列字母的记忆数量,教师在教学过程当中可以将知识点合理分化成单元,并引导学生进行记忆训练,切不可提供超出儿童记忆容量的记忆材料。

(三)参考艾宾浩斯遗忘规律合理安排识记任务

1. 及时复习与经常复习相结合。根据遗忘"先快后慢"的规律,及时复习能够延缓识记后立即出现的快速遗忘,经常复习则可以对已获得的知识进行巩固。教师需要指导学生对记忆信息刚要遗忘但还没有遗忘的时候及

时强化巩固，也要对过去所学的知识经常复习巩固。

2. 合理分配复习时间。教师也要帮助学生合理分配复习时间，将分散复习和集中复习相结合，开始复习时时间间隔要短，以后可以长一些。

3. 复习方法多样化。多样化的复习方式需动员多种感官协同参与，使复习过程成为看、听、说、做相结合的有趣活动。

4. 反复阅读和重现相结合：重现能够提高学习者的积极性，也有利于及时纠正，抓住材料的重难点。

5. 要激发学生的学习兴趣：识记者对材料的需要和兴趣会对于识记效果产生一定影响。如对于低年级学生，教师可以尽量选用一些生动形象的学习材料激发学生的学习兴趣。

(四)指导儿童使用合理的记忆策略。

西格勒的适应性策略选择模型指出，儿童有多种策略可以使用。教师在教学活动中，应留下足够的时间让儿童思考；在解决问题时，要鼓励儿童采取多种认知策略。同时，教师也应根据儿童策略发展的规律和水平提供适宜的指导，尤其是对缺乏使用策略或低效的儿童，要引导他们尝试使用更复杂的问题解决策略，培养他们灵活、多样的问题解决策略。

三、家庭应用

1. 家长要充分了解儿童记忆发展特点，抓住发展敏感期。小学儿童短时数字记忆广度随年龄增长而提高，7~9岁这一年龄阶段是短时记忆容量迅速发展的时期。家长需要根据儿童记忆发展的规律和孩子的具体情况采取个性化的教育指导，要在孩子能力范围内循序渐进地培养他们的记忆力，不能强迫孩子去记。记忆力和注意力紧密联系，因此注意力和记忆力应该进行协同训练，一边对事物施以注意，一边加强记忆。

2. 激发儿童的记忆兴趣。从孩子的兴趣出发，记忆效果会更理想。因此家长可以有意识地激发孩子的记忆兴趣。

3. 家长应多鼓励和表扬孩子，引导孩子自主使用多种策略。西格勒的适应性策略选择模型说明儿童的策略具有多样性。在获得策略的早期阶段，儿童多使用单一的策略；当儿童从不熟练过渡到熟练操作时策略的多样性特别明显。因此家长需要鼓励孩子多尝试使用不同的策略来解决问题，增加对不同策略使用的熟悉度。

4. 提供丰富的环境，提升儿童的知识经验水平。组块受到个体知识经验和材料性质的影响，人的知识经验越丰富，组块中包含的信息越多。家长日常生活中可以注重丰富孩子已有的知识经验。对于无意义的记忆材料也可以通过联想等方式帮助孩子理解记忆。

四、实践练习

1. 教师可以在课堂上和学生讨论平时大家所用的学习策略并一起讨论各种策略的效果，并鼓励学生在日常学习生活中有意识地运用。

2. 家长可以根据艾宾浩斯的遗忘规律和孩子们一起制作专属学习计划表，帮助孩子养成良好学习习惯。

第六章　儿童智力发展

关于儿童智力的发展，有着许多不同的观点和解释。传统智力理论认为，智力是使个体间彼此不同的一个或一系列特质，通过确认并测量这些品质，来达到表述个体智力差异的目的。但传统的智力概念过于狭窄，主要停留在测量基本智力内容或儿童所知道的东西上，没有关注知识的获得、保持和应用知识解决问题的过程，也没有对其他一些智力指标进行测量，如社交、音乐和体育等方面的能力。在传统智力观点基础上，斯滕伯格(R. Sternberg)提出了智力的三元理论，强调了智力行为的三个方面，即情境、经验和信息加工技能。加德纳(H. Gardner)提出了多元智力理论，主张智力并非一元的结构，而是包含多种智力。萨洛威(P. Salovey)和梅耶(J. D. Mayer)提出了情绪智力的概念，突破了传统智力只注重认知能力的局限。斯腾伯格和洛巴特(T. Lubart)提出了创造力投资理论，指出个体的创造力能否充分发挥，受到智力及其他因素的影响。以上理论丰富了我们对智力和创造力的认识，加深了对智力和创造力本质的理解。

从出生到青少年时期是人的智力发展的重要时期。从三四岁到十二三岁，人的智力发展与年龄的增长几乎等速，以后随着年龄的增长，智力的发展趋于缓慢，这是智力发展的一般趋势。智力发展也存在个体差异(包括水平差异与速度差异)和群体差异(包括性别差异与文化间差异)。智力发展的一般趋势和差异问题可以使我们更全面地了解儿童智力发展。

第一节　智力包含三种成分

——斯滕伯格智力的三元理论

传统的智力测量观点对于智力的理解过于狭窄，主要停留在测量基本智力内容或者儿童所知道的东西上，而没有关注知识的获得、保持和应用知识解决问题的过程。斯滕伯格于 1985 年在《超越 IQ》（*Beyond IQ：A Triarchic Theory of Human Intelligence*）一书中提出了智力的三元理论，丰富了传统的智力理论。

一、理论介绍

斯腾伯格认为智力行为包含三种成分：情境成分、经验成分和信息加工成分。

（一）情境成分

首先，斯滕伯格认为，聪明的行为在很大程度上依赖于行为发生的情境。他指出，聪明的人能够很好地适应环境，或者去改造环境，使环境适合自己。这类人有实践的智力，或叫作生活智慧。他还指出，心理学家必须开始将智力理解为一种适应现实社会的行为，而不是那些在完成测验时表现出的行为(Sternberg，1997)。根据情境亚理论，在不同的文化或亚文化背景下，在不同的历史时期中，以及人的不同年龄阶段，智力的行为表现都可能不同。

（二）经验成分

斯滕伯格认为，个体具备多少任务的相关经验有助于鉴定其行为的智力水平。他认为，只要任务不是陌生到无从下手(比如让 5 岁的孩子去做几何题)，那么由于新异的任务要求主动的、有意识的信息加工，因此可以作为测量个体推理能力的最佳选择。所以，从个体对新异任务做出的反应，就可以看出他解决问题的思路和对问题独特的洞察力。

然而在日常生活中，人们处理熟悉的事务时多少也有一些聪明的表现（如保持收支平衡，或者迅速获得报纸上的主要内容）。这一类型的经验智力反映的是自动化加工，或是随着练习的增多，个体信息加工效率的增长。斯滕伯格认为，当自动加工能力形成了，个体处理日常事务时，可以不用花费太多时间和意识加工就能准确高效地完成，这是智力的一种标志。

（三）信息加工成分

斯滕伯格对心理测量学家最主要的批评是，他们对个体智力的测量仅仅针对项目答案的正确性或质量，却完全忽视了受测者是如何做出这些反应的。斯滕伯格是一个信息加工论者，他认为，我们必须强调与智力成分有关的因素，即对问题做出限定，阐明解决问题的策略，然后对认知活动进行监控，直至得出答案这一信息加工过程。与其他信息加工理论家一样，斯滕伯格指出，有些人的信息加工速度比别人快，而且效率高，因此，我们的认知测验应该据此进行大幅度改进，去测量这种差异，并将之视为智力的重要因素。

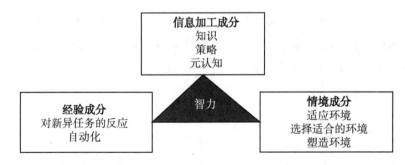

图 6-1 斯滕伯格的三元智力理论

（资料来源：谢弗，基普 . 发展心理学：儿童与青少年［M］. 邹泓，等译. 北京：中国轻工业出版社，2009.）

总之，斯滕伯格的三元智力理论给我们提供了丰富的有关智力特征的观点。如果你想了解某人是否聪明，最好从以下几个方面来考虑：（1）智力表现的情境（例如他的文化背景、所处的历史时代以及他的年龄）；（2）是否具备任务的相关经验，个体是否能对新异任务做出反应或进行自动加工；（3）信息加工技能，反映个体是如何处理这些任务的。不幸的是，被广泛使用的智力测验，并不是以这种丰富而辩证的智力观点为基础的。

拓展阅读

成功智力

艾丽丝是一个学习成绩出色的学生，老师认为她是最好的学生，同学们也认为她是最聪明的人。艾丽丝虽然在学业中能出人头地，可她在之后的职业生涯中却一直表现平平，同班同学中70%~80%在工作中都表现得比她出色。这样的例子在许多国家、许多学校都不难发现。中国也开始关注"第10名现象"，即学习最好的学生不一定是工作最出色的人，而学习排名在第10名左右的学生，可能会在以后的职业中游刃有余。

这一现象说明了学业成就的高低并不能100%地决定一个人是否成功，这涉及成功智力的问题。成功智力（successful intelligence）是一种用以达到人生中主要目标的智力，是对现实生活具有举足轻重影响的智力。成功智力包括分析性智力、创造性智力和实践性智力三个方面。分析性智力（analytical intelligence）涉及解决问题和判定思维成果的质量，强调比较、判断、评估等分析思维能力；创造性智力（creative intelligence）涉及发现、创造、想象和假设等创造思维的能力；实践性智力（practical intelligent）涉及解决实际生活中问题的能力，包括使用、运用及应用知识的能力。

成功智力是一个有机整体，用分析性智力发现好的解决办法，用创造性智力找对问题，用实践性智力来解决实际问题，只有这三个方面协调、平衡时才最为有效。一个人知道什么时候以何种方式来运用成功智力的三个方面，要比仅仅是具有这三个方面的素质更为重要。具有成功智力的人不仅具有这些能力，而且还会思考在什么时候、以何种方式来有效地使用这些能力。

（资料来源：斯滕伯格. 成功智力[M]. 吴国红，钱文，译. 上海：华东师范大学出版社，1999.）

二、理论应用

在我国教育改革的大背景下，斯滕伯格对智力理论的丰富对我国的教育教学改革有着重要的指导意义。

(一)让"智力"发展跟上时代的步伐

斯滕伯格的三元智力理论告诉我们，智力并非是一成不变的，而是会随着时代的进步而发展。100年前，能够又快又准地进行计算，是很聪明的表现；但今天电脑和计算机已经能够迅速完成这些运算，因此，再花无数时间去练习这种技能，就不再是聪明的做法了。在当今这个信息时代，网络成了生活中不可或缺的东西，学校开发了很多与网络有关的课程，高考科目中也增加了"技术"这一选项，使学生的能力发展跟上时代的步伐。

(二)引导学生关注事物间的内在联系

斯滕伯格认为根据个体对新异任务做出的反应，就可以看出他解决问题的思路和对问题独特的洞察力，这也是能力的体现。事物之间是有内在联系的，就算是新的任务也能与已有的知识产生联系，从而更好地完成任务、解决问题。当然，这种主动发现事物内在联系的能力可以是天生的，也可以是后天培养的，而教师在后者中发挥着很大的作用。教师在教授新知识时，应有意地与学生已有的知识联系起来，不仅能使学生更快地理解新知识，也可以提高学生解决新问题的能力。

(三)教师对学生的评估不能仅限于结果

斯滕伯格的智力三元理论非常注重智力活动的过程，他认为仅凭测验结果来判断个体智力是非常片面的。同样一个任务，两个孩子都完成了，但其中一个孩子只花了一个小时，而另一个孩子则花费了整整一天的时间，如果仅凭结果，我们可能会认为这两个孩子能力相当，但实际上两个孩子的智力还是存在一定的差距的。这也启示学校在评估学生能力时，不仅要有终结性评价也要有形成性评价，关注学生发展的过程。

第二节　智力并非只有一种
——加德纳的多元智力理论

传统的智力理论认为，智力是以语言能力和数理逻辑能力为核心，整合而成的一种能力。20世纪80年代以来，不少心理学家在批评传统智力理论的基础上提出人具有多种智力，而且这多种智力都与特定的认知领域或知识范畴紧密相关而又独立存在。加德纳的多元智力理论对世界教育领域的影响深远。

一、理论介绍

加德纳被誉为"多元智力理论(theory of multiple intelligences)之父"，1983年他出版了《智力的结构》(*Frames of Mind*)一书，书中首次提出了多元智力理论。该理论认为智力并非一元的结构，而是由多重智力构成，这些智力之间彼此独立，但在促成智力行为的产生上可能是相互作用的。迄今，加德纳列出的智力达10种之多：

(一)言语—语言智力

主要指个体听、说、读、写的能力，表现为个体能够顺利而高效地利用语言描述事件、表达思想并与人交流。诗人、记者、作家、演讲家以及节目主持人等通常有比较强的言语—语言智力。

(二)音乐—节奏智力

指个体感受、辨别、记忆、改变和表达音乐的能力,表现为个人对节奏、音调、音色和旋律的敏感以及通过作曲、演奏和歌唱等表达自己思想和情感的能力,作曲家、指挥家、歌唱家、演奏家、乐器制造者和乐器调音师以及那些能够欣赏音乐的人往往属于这方面智力强的人。

(三)逻辑—数理智力

主要指运算和推理的能力,表现为个体对事物间各种关系,如类比、对立、因果和逻辑等关系的敏感以及通过数理运算和逻辑推理等进行思维的能力。在数学家、工程师、天文学家、电脑程序设计员以及从事科研的人员等人身上通常有比较突出的表现。

(四)视觉—空间智力

主要指感受、辨别、记忆、改变物体的空间关系并以此表达自己思想和情感的能力,表现为个人对线条、形状、结构、色彩和空间关系的敏感以及通过平面图形和立体造型将它们表现出来的能力。在画家、雕塑家、建筑师、航海家、飞行员以及机械师等人身上往往有比较突出的表现。

(五)身体—动觉智力

主要是指运用四肢和躯干的能力,表现为个人能够较好地控制自己的身体,对事件能够做出恰当的身体反应以及善于利用身体语言来表达自己的思想和情感。运动员、舞蹈家、外科医生、机械师和发明家等往往具有良好的身体—动觉智力。

（六）自知—自省智力

主要指认识、洞察和反省自身的能力。表现为个人能正确地意识和评价自身的情绪、动机、欲望、个性、意志等，并在正确的自我意识和自我评价的基础上形成自尊、自律和自制等品质。哲学家、小说家、心理学家以及那些对自己的内心世界有深刻了解的人往往具有较强的自我认识。

（七）交往—交流智力

主要指与人相处和交往的能力，表现为个人觉察、体验他人情绪、情感和意图并据此做出适当反应。教师、心理咨询专家、公司行政主管、思想工作者、宗教和政治领袖等人这方面一般有比较突出的表现。

（八）自然—认知智力

包括各种认识、感知自然界的事物的能力，例如敏锐地觉知周围环境的改变等。生物学家、进化论理论学家等往往具有较好的自然—认知智力。

（九）心灵—感悟能力

主要指对灵魂的、初始的以及来生的感知，传教士、僧侣等一般在这方面有突出的能力。

（十）生存—体验智力

指对存在的意图和意义感兴趣，哲学家、神学家等人往往具有较强的生存—体验智力。

加德纳的多元智力理论有以下主要特征：（1）强调多元性。人的智力结构至少由七种智力要素组成，它们是多维度、独立地表现出来的。（2）强调差异性。多种智力要素在每个人身上都以不同方式进行不同程度的组合，这使得每个人的智力各具特点。（3）强调文化性。智力是在一定的文化背景中学习机会与生理特征相互作用的产物。(4)强调开发性。人的多元智力发展的关键在于开发。(5)强调实践性。加德纳把智力看作个体解决问题的能力，这是他对传统智力理论的一个突破。

二、研究支持

(一)对脑损伤病人的研究

神经生理学和神经心理学对脑损伤病人的研究为加德纳的多元智力理论提供了最重要的依据，这些研究从科学的角度证实个体身上确实存在相对独立的多种不同智力。大脑生理学研究表明，大脑皮层中有专门的生理区域来负责不同的智力。而如果某一特定的区域受到伤害，某种特定的智力就会消失，但这种特定能力的消失对其他的智力并没有影响，即某种特定智力消失了，其他的各种智力还能够继续正常发挥其各种功能。例如，大脑皮层左前叶的布洛卡区受到损伤，个体的语言智力就会出现障碍，而数理能力和运动能力等仍表现正常。由此，我们可以清楚地看到，个体身上确实存在由特定大脑皮层主管的、相对独立的多种智力。

(二)对特殊儿童的研究

"神童"和"白痴天才"的存在为加德纳的多元智力理论提供了另一个重要依据，它从现实的角度证明了个体身上确实存在着相对独立的多种不同智力。"神童"是某一或某几个智力领域的"神童"，而非各个智力领域的"神童"。同时，我们也能见到在其他领域中能力平庸或严重落后的背景下，某一特殊能力超常的现象，即所谓"白痴天才"。这些人的存在使我们观察到相对孤立甚至特别孤立下的人类智能。

(三)对某种能力迁移性的研究

加德纳发现，人的七种智力之间相关很低，不仅在一般情境下，即使是在不断接受教育训练后，某种智力的优势和特点也难以有效地迁移到另一种智力之中。已有研究表明，如果用一种特殊的方法对儿童的言语—语言智力进行训练，他们的言语—语言智力会得到明显的提高，但是，这种提高对于儿童的身体—动觉智力却没有什么帮助，而且对同属于传统智力范畴的逻辑—数理智力也没有帮助。不同智力各有特点，不同智力之间的优势和特点难以相互迁移，这就从另外一个角度进一步说明，多元智力中的每一种智力是相互独立的。

三、理论应用

在我国教育改革不断深化、全面推进素质教育的新形势下，探讨多元智力理论对我国的教育教学改革有着重要的现实意义。

(一)提供看待"聪明"的新视角

加德纳的多元智力理论告诉我们，在这个世界上，不存在谁比谁更聪明的问题，只存在他们是在哪个方面聪明以及怎样聪明的问题。多元智力结构中至少有七种智力，我们不能说哪种重要，哪种不重要，七种智力在个体的智力结构中处于同等重要的地位。它们在每个人身上都各具特点，有其独特的表现形式。例如，丘吉尔、莫扎特、爱因斯坦、柏拉图、毕加索、迈克尔·乔丹等都是非常聪明的人，智力高度发达，他们各自在不同的智力方面、以不同的表现形式将自己的智力充分发挥出来。

(二)有助于树立积极乐观的儿童观

根据加德纳的多元智力理论，每个学生的智力各具特点，并有自己独特的表现形式，有适合自己的学习类型和学习方法，这为我们树立积极乐观的儿童观提供了理论上的新视角。这要求教育工作者要充分尊重每个个体的智力特点，针对不同学生"对症下药"开展教育教学工作；评价学生时要从智力的各个方面、通过多种渠道、采取多种形式、在多种不同的情境下进行，以促进每一个学生得到充分发展。

（三）了解学生的智力特点，设计多元化课程

学校应充分认识到不同学生有着不同的智力特点，在设计课程时，要摒弃原来只是围绕语文和数学等学科设计课程的固有思路，把多种智力领域和不同学科教学相结合，设计出有助于学生多方面智力发展的课程，使学生能够较好地运用并发展自己的每一种智力。学校向学生展示的智力领域应该是全方位的，能够在真正意义上保证学生全面发展的。同时，强调从每一个学生的智力强项出发，带动其他各种智力领域特别是智力弱项的发展。其中，最重要的是引导儿童将自己在智力强项中表现出来的智力特点和意志品质迁移到智力弱项领域。例如，父母可以这样引导儿童："如果你在学画画时能像你学弹琴那样，不走神，积极地开动脑筋，不怕困难，你画画一定会和你弹琴一样好。我们来试一试吧。"

（四）促进儿童特殊才能的充分展示

根据加德纳的多元智力理论，人的智力特点和表现是不平衡的。每个人都有相对而言的智力强项，例如有人是音乐天才，而有人是数学天才。教育者应尊重儿童的智力强项，努力挖掘和发展其巨大潜力；要注意培养和提高儿童的自信心和自尊心，尤其是对那些智力强项不属于学校传统教育关注点（如语文、数学等）的儿童。

四、应用案例

在一堂思想品德课上，谢老师采用了多元切入的方式进行教学。例如，在讲授"保护有益动物"这节课时，师生共同搜集了蜻蜓捕食害虫蚊子的统计数字（一只蜻蜓一小时能捕食840只蚊子），运用逻辑—数理智力概括了有益动物的主要特征。接下来，谢老师又向学生讲述了北京市民的爱鸟活动——将1684只小鸟放飞蓝天，让学生表达听后的心情，学生播放了赞颂的乐曲，这是运用音乐—听觉智力来表达对保护有益动物知识的理解。课堂讨论中，有学生提出"牛是有益动物，但是患了口蹄疫，该不该

杀"等问题，这是运用语言智力及人际关系智力，加深对保护有益动物的理解……不同智力结构的学生在课堂上都感受了成功的喜悦。

（资料来源：边玉芳，张瑞平．儿童发展心理学［M］．杭州：浙江教育出版社，2015．）

点评：加德纳认为没有谁比谁更聪明一说，每个人都有自己独特的智慧，谢老师就很好地利用了多元智力理论，应用了多种教学方式使不同的学生都能从中获益，并不断地开发自己的智力。加德纳的多元智力理论为实际的教学应用提供了新的思路，也有助于每一位学生都能发挥其长。

第三节　高情商的重要性
——萨洛维和梅耶的情绪智力理论

情绪智力（Emotional Intelligence）的研究始于萨洛维和梅耶在1990年发表的《情绪智力》一文，而传播"情绪智力"这个术语，使之被大众所熟知，则归功于戈尔曼（D. Goleman）的《情绪智力》（*Emotional Intelligence*）一书。以往认为，一个人一生中能否取得成功，智力最重要。然而情绪智力的出现证明了智商不是人成才的唯一决定因素，情绪智力才是制胜的关键。教育不仅要强调培养学生的逻辑思维能力，也应注重受教育者整体素质的提高，让他们具有积极向上的人生态度以及良好的沟通能力。目前公认的情绪智力理论主要有三个，即萨洛维和梅耶的情绪智力的结构模型、戈尔曼的情绪胜任力模型和巴昂的情绪和社会智力结构模型。在这里主要介绍萨洛维和梅耶的理论。

一、理论介绍

美国心理学家萨洛维和梅耶将情绪智力定义为"准确地觉察、评价和表达情绪的能力；接近或产生促进情绪思维的情感的能力；理解情绪及情绪知识的能力；调节情绪以促进情绪和智力发展的能力"。这种能力具体包括以下四个方面：

（一）觉察、评价和表达情绪的能力

包括从自己的生理状态、情感体验和思维中辨认情绪的能力；通过语言、声音、表情动作辨认他人情绪的能力；准确表达情绪以及相关需要的能力；区分情绪表达中的准确性和真实性的能力。

（二）情绪促进思维过程的能力

包括影响信息注意的方向的能力；促进与情绪有关的判断和记忆过程产生的能力；促使个体从多个角度思考的能力；对特定的问题解决的促进能力。

（三）理解与分析情绪、运用情绪知识的能力

包括给情绪贴上标签，认识情绪与语言表达之间关系的能力；理解情绪所传达的意义的能力；理解复杂心情的能力；认识情绪转换可能性的能力。

（四）成熟地调节情绪的能力

包括以开放的心情接受各种情绪的能力；根据获知的信息与判断，成熟地进入或摆脱某种情绪的能力；成熟地监控与自己和他人有关的情绪的能力；管理自己和他人情绪的能力，缓和消极情绪，加强积极情绪。

萨洛威和梅耶根据以上理论模型编制了第一个能力型情绪智力量表——MS-CEIT。情绪智力理论的核心在于强调认知和管理情绪（包括自己和他人的情绪）、自我激励、正确处理人际关系三方面的能力。国内研究者在此基础上进行了修正，将动机和兴趣考虑了进来。具体包括：（1）认知和控制自己的情感；（2）认知和驾驭、调控他人的情感；（3）动机、兴趣和自我激励相结合的心理动力；（4）坚强而受理性调节的意志；（5）妥善处理人际关系。

二、研究支持

美国心理学家斯托茨(P. Stoltz)自 20 世纪 90 年代初开始，连续进行了 10 年研究。在 1500 项研究结果中，他发现在刚做完手术、生死未卜的患者中，情商高的患者，度过危险期的概率更大，身体康复也更快。他指出，生死攸关时，高情商的人更善于察觉自己惊慌、恐惧的情绪。之后，他们会尽快清除这些不良情绪，把寻求解决之道作为最紧要的任务。同时，他们又都执着于某个目标，此时，争取胜利的希望就成了他们坚持的动力。

三、理论应用

情绪智力对于教育改革具有重要的理论价值和现实意义。情绪智力教育已经成为教育改革的重要趋势之一。培养情绪智力，需要学校、家庭和个人三方面的共同努力。

(一)开展学校情感教育

1. 面向全体学生。情绪智力教育应面向全体学生，而不是专为问题学生设计的补救措施。美国情商教育的一条途径就是将情绪教育融入既有的课程，如健康教育、自然、社会等。萨洛威和梅耶在其著作中介绍了纽约市公共学校系统进行的"创意解决冲突计划"。该计划教人如何识别对手、自己以及其他人的情绪情感。他们认为，实施一项致力于提高情绪智力的计划要比加深对情绪知识本身的认识更具体可行。

2. 情绪智力课程的开发。教育者应充分认识到提高学生情绪智力的重要意义，把情绪智力的培养纳入学校的整体运行机制中。教育管理者应该将其作为一项教育内容和考核指标，在课程活动安排、制度建立、校风建设以及加强学生与教师之间的非正式沟通等方面有所体现。

3. 教师要创设宽松、民主的育人环境。幼儿对教师的关注特别敏感，因此教师在对待孩子时要宽容，要经常与他们进行情感交流，引导他们积极与同伴交往，合理表达情绪，提高情绪的自控力。应教给他们一些调节情绪的方法，逐步完善其情绪调节机制。研究发现，幼儿由于对老师的理解和信赖，在情绪上变得更有自制力，常能自觉减弱或消除消极情绪。

(二)家庭应重视情商教育，尤其是要开展早期情商教育

1. 家庭积极参与。成功的情绪教育需要家庭的积极参与，且必须紧密结合儿童的成长阶段。家庭是幼儿成长的主要环境，幼儿最初的情绪是在家庭中获得的。根据萨洛威与梅耶的观点，情绪智力包含的能力始于家庭中的父母——与儿童良好的交互作用。家长对待幼儿的态度以及不同的教养方式会直接影响幼儿情绪智力的发展。

2. 多方面培养孩子的情绪智力。在儿童早期，父母应该帮助孩子识别情绪并给情绪贴上标签；教导孩子学会尊重自身情感，理解和分析别人的感受，恰当地表达自己的感受；帮助孩子将情绪与社会情境联系起来为孩子提供亲身实践的机会；为孩子创造社交机会，多参加集体活动，在活动中学会与同龄人相处。同时，父母应特别注重培养幼儿的移情能力以及延迟满足能力。

3. 营造良好的家庭氛围是培养幼儿情绪智力的前提条件。父母之间要互敬互爱、和睦相处。家长要善于调节和管理自己的情绪状态，表现出愉快、乐观向上等积极情绪，同时能合理地调控不良情绪，为孩子树立良好的榜样。在这种环境下成长的孩子往往会感受到安全和温馨，容易产生愉悦的情绪体验，也能够得体大方地表达自己的情绪。

4. 建立和谐的亲子关系。家长要理解、尊重孩子的情感需求和体验，多与孩子进行情感交流，做孩子的知心朋友，注意孩子情绪的变化。家长不能不关心孩子，放任自流，更不能动辄训斥、打骂、威胁或惩罚孩子，要理智地克服自身情绪的不良表达方式，以建立良好和谐的亲子关系。

四、应用案例

凯利(B. Kelly)等人使用情绪智力 PATHS(Promote Alternative Thinking

Strategies)课程，对苏格兰一所小学的四、五年级学生(9～10岁)进行了为期一年的情绪智力培养干预，取得了良好效果。该课程最初是用于培养聋生的情绪能力，现在主要被用于为全体学生和有特殊需要(如情绪障碍、行为障碍)的学生提供预防和干预。干预者主要包括心理学工作者、学科教师、家长、协助家校沟通的联络人员等。PATHS包括以下三个环节：发展并使用更大的情绪词汇量，增强情绪表达能力，发展情绪的元认知理解能力(如对情绪再认线索的意识、转换情绪状态的策略、谈判和问题解决)，包括自我控制、情绪理解、建立自尊、建立联系和人际问题解决技能五个专题。

(资料来源：边玉芳，张瑞平．儿童发展心理学［M］．杭州：浙江教育出版社，2015.)

点评：情绪智力是近年来的热点话题，心理学家发现情绪智力在孩子的心理健康发展以及未来能够取得的成就中发挥着巨大的作用。教育者们也逐渐意识到，如能在教育中提供机会，让学生满足情感需要，就能促进他们的适应。采用主动学习的方法，在课堂内外多让学生做实际技能的练习，教儿童理解情绪，尊重和关心彼此，调节情绪并抵制同伴的欺负，这样的课程正在被越来越多的教师们使用。

第四节　创造是一种投资
——斯滕伯格和洛巴特的创造力投资理论

创造力(creativity)指的是一种产生新想法或做法的能力，而且这种想法或做法既有用，又有价值。用几分钟的时间想一想，在你看来有创造力的人有哪些特点呢？你很可能会认为，有创造力的人一定很聪明，当然还会有其他一些特点，如他们更好奇，酷爱工作，灵活，会把别人想不到的一些想法联系起来，有时可能还显得有点极端、不守成规甚至有些叛逆。

如果创造力所反映的真的是以上所有这些特质的话，人们就容易理解为什么有些高智商或天才式的个体却没有特别的创造性，或为什么只有少数人才能成为杰出的人才这些现象了（Winner，2000）。然而，斯滕伯格和洛巴特（1996）却认为，只要人们能够整合创造力资源，而且能够将自己投入正确的目标，大多数人就都会有创造的潜能，而且至少能够具有一定程度的创造力。下面我们将简要介绍一下这个新的且颇具影响力的创造力投资理论，还将对应用该理论促进儿童、青少年的创造潜能开发方面的内容进行介绍。

一、理论介绍

斯滕伯格和洛巴特认为，创造性高的人在思想领域愿意低价买入高价卖出。低价买入的意思是他们喜欢把自己投入新异的（和不受欢迎的）想法和项目，一开始，也许会遇到阻力。但一个有创造力的个体在怀疑的目光中，会创造出具有很高价值的产品来，这时就可以高价卖出，并继续下一个潜在的新异且不受欢迎的构思。

决定个体将要投资的一个原始项目是否会产生创造性成果的因素是什么呢？斯滕伯格和洛巴特认为，创造力是由多种成分组成的，或者说是受多重影响的，具体来说，是由六种不同因素间的相互作用组成的。

（一）智力资源

斯滕伯格和洛巴特认为有三种能力对创造力有重要作用：一种能力是发现并解决新问题，或者用新方法去看旧问题的能力；另外一种能力就是评估个人的构想，然后决定哪一种想法是值得投入、哪一种是不值得投入的能力；最后，个体还必须具备向他人推销、宣传新观点的重要价值的能力。

（二）知识

如果要成为一个有创造性的或有改革精神的文学家、音乐家或者其他科学领域的带头人，无论是儿童、青少年还是成人，都必须对他所在的领城非常熟悉。

（三）认知风格

应具备立法型的认知风格（legislative cognitive style），也就是说善于用新异的、发散性的思维方式去进行思考，这对创造力是有重要作用的。这种认知风格还可以帮助个体拓宽思路，从整体上对问题进行思考，即区分出什么是树木，什么才是整片森林，从而使个体能够确定哪种想法是真正新颖且值得追求的。

（四）个性特征

已有研究表明，一些个性变量与创造力有非常紧密的联系，如乐于冒险、在不确定的情况下保持清醒的头脑、不从众的自信心以及对某一想法执着追求的精神，坚信这种想法最终会得到认可。

（五）动机

人们只有对从事的某一领域的事业有真正的热情，对工作本身感兴趣而不是对潜在的回报感兴趣时，才会取得创造性的成就（Amabile，1983）。一味地追求回报而对儿童施加过分的压力，将会使他们丧失对所追求目标的内在兴趣，从而会真正地损伤他们的创造力。

（六）支持性的环境

研究发现，环境造就了那些在棋类、音乐或者数学方面有特殊才能的儿童。他们生长在一种能促进他们的智力和动机发展，并对他们的成绩及时进行鼓励的环境中（Feldman & Goldsmith，1991；Hennessay & Amabile，1989；Monass & Engelhard，1990）。

二、研究支持

洛巴特和斯腾伯格（1995）采用投资的理念进行了研究，其结果支持了创造力的投资理论模型。研究者给被试分派了以下任务：（1）让被试以不寻常的标题(如章鱼的胶鞋)写一篇短小的故事；（2）用不寻常的主题(如昆虫眼中的地球)画画；（3）为不畅销的产品设计有创意的广告(如衬衫袖口的纽扣)；（4）解决不寻常的科学难题(如怎样才能判断在过去的一个月里是否有人到过月球)。结果表明，创造是在特定的专业领域中表现出合适的状态。实验发现，创造性需要六种相互关联的资源：智力、知识、思维风格、人格特征、动机和环境。

三、理论应用

斯腾伯格和洛巴特的创造力投资理论对创造力的构成成分做了比较全面深入的解释，对创造力的研究及其开发和培养具有重要意义。根据该理论，幼儿创造力的培养应注意以下问题：

(一)培养幼儿的智力

在创造力投资理论中，斯滕伯格和巴洛特认为发现并解决新问题的能力、评估能力以及推销宣传能力，这三种能力对创造力有重要作用，并且缺一不可。此外，还要重视智力三种成分的相互作用，即元成分、操作成分和知识获得成分协同作用，才能使个体适应各种不同的环境，解决各类问题。例如，当幼儿要解决一个问题时，知识获得成分可以将记忆中已有的对问题解决有帮助的信息提取出来，并和各种有效的新信息结合起来；元成分则起选择或调整策略、实行监督和评价的作用；操作成分可以对元成分所计划的策略加以实施。应促使幼儿将三种成分综合使用，才能达到发展智力的目的。

(二)注重知识积累以及知识的灵活运用

创造力投资理论指出，一定数量和结构合理的知识是创造过程所必须的，正如 Howard Gruber(1982) 所描述的"顿悟只会光顾那些有准备的头脑"。因此，要想孩子有创造力，多阅读书籍，积累知识是不可或缺的，同时个体的知识背景也可能会约束其创造力的发挥。因此，我们应培养幼儿灵活地运用知识，创造性地解决问题，使他们能用知识但不被知识所限制。成人应引导幼儿在探索的基础上掌握一定数量的知识，但并不是用灌输的方法来强迫幼儿掌握；鼓励幼儿运用知识解决一些问题，使他们会学以致用。

(三)尊重幼儿的思维风格

创造力投资理论指出，创造性强的个体偏向于建立自己的规则，并能较好地处理新出现的情况。一般来说，幼儿比较畏惧权威，如果教师否认或嘲笑幼儿，就会造成他们畏首畏尾，不敢提出或坚持自己的观点。因此，成人不应强迫儿童接受成人的观点，要知道儿童观察事物和看待事物的角度和成人不同，并多启发他们表达自己的看法，形成自己对事物的观点；在教学和生活中为儿童提供一些真实或假想的问题情境，让儿童尝试解决。

(四)努力培养幼儿的创造性人格

在创造性人格中，斯腾伯格特别提出对模糊的容忍力、冒险性、毅力和坚持性、成长的愿望、自尊这五种人格特征对个体发挥创造力的重要作用。在培养幼儿的创造力时，成人要有意识地培养幼儿的创造性人格，包括较强的抗挫折能力和心理承受力，支持他们大胆探索、敢于表现、克服困难、坚持己见，为他们形成创造性人格创造条件。

(五)切勿让内部动机被外部动机取代

创造力投资理论还特别强调内部动机在创造中的重要性。与外部动机相比，内部动机更有利于创造力的发挥。因此，成人应有意识地引起幼儿对事物的兴趣，使他们能自觉地进行探索活动，尤其是富有挑战性的活动；引导幼儿对失败进行正确归因；鼓励幼儿从探索活动本身获得满足，而不是只满足于成人的外部奖赏。

（六）创设有利于儿童创造力发展和表现的环境

创造力投资理论指出，环境因素既不属于智力因素，又不属于非智力因素，但对个体创造力的发挥起着重要的作用。因此，成人应该创设有利于幼儿创造力发展的学校和家庭环境，以促进他们创造力的发展。父母要鼓励孩子进行智能活动，并接受孩子的与众不同（Albert，1994；Runco，1992）。此外，父母也应该多关注孩子，以便迅速发现孩子的特殊能力，并请专家、教练或家庭教师辅导孩子，使孩子的特殊能力得到进一步发展。

四、应用案例

五年级的小强在老师眼里是一个十分顽皮，常与老师顶嘴，而且智力有些低下的学生。可是到了六年级，小强的行为改变了，他的学习成绩有所提高，上课时他不再说话，能注意听讲，不打断老师讲课，也不再与老师对着干了，他成了一个可爱的好孩子。

是什么让他发生了这样的变化呢？原因很多，但最主要的原因是他的新班主任。开学初，新班主任还被小强威胁过，但她相信是小强的行为问题妨碍了他发挥自己的优势。新班主任注意到小强的口语表达能力很强，她就帮助他将口语技巧运用到学习上。新班主任有意让小强知道，老师相信他在学校里是会获得成功的。他作业做不好时，老师会说，这是因为他没有像别的同学那样预习功课，他应该重做作业以提高自己。当别的学生嘲笑、欺负小强时，新班主任就批评这些学生。她保护小强并允许他重做作业，这使小强觉得自己是有用的。他开始喜欢学校，相信自己能够做好。最终证实，小强是能够从事创造性活动的，部分原因是因为他树立起了自信。

（资料来源：边玉芳，张瑞平．儿童发展心理学［M］．杭州：浙江教育出版社，2015.）

点评：每个孩子或多或少都会有些创造力，只不过一些孩子的创造力被他们的其他行为掩盖了，案例中的新班主任就很善于发现学生身上的创造力，并利用多种方式促进他的创造力，例如保护小强的自尊、对他有积极期望、重建他的自信、创设心理安全的环境等。已有研究表明，限制学生发展的最大障碍不是他们真的不行，而是他们不相信自己行。如果父母或老师相信儿童具备挑战的能力，有成为创造者的潜能，并帮助他们去体验成功的喜悦，那么这些信任和期望就有助于树立儿童的自信心，帮助他们克服困难，勇于冒险，去发挥他们的创造性潜能，获得成功。

第五节　智力因人而异、因年龄而异
——智力的发展与个体差异

你有没有觉得年轻时候的自己比现在的自己更聪明？那时的自己记性好，学新东西也快，而现在的自己记性差了，脑子也常常转不过弯。你可能会问：智力难道不是与生俱来的吗？难道也会和我们的年龄一起生长、成熟、衰老吗？对绝大多数的人来说，的确是这样，我们的智力会随着我们年龄的变化而变化。此外，智力在人与人之间也存在着巨大的差异，有的人智力超群，而有的人智力低下。那么智力发展具体呈现怎样的趋势呢？又存在怎样的个体差异呢？本节主要讨论这两个问题。

一、理论介绍

（一）智力发展的一般趋势

关于智力的发展趋势，韦克斯勒（D. Wechsler）与瑟斯顿（L. L. Thurstone）等人分别在 1958 年和 1965 年得出下列结论：（1）一般人的智力发展自 3、4 岁至 12、13 岁呈等速进行，之后改为负加速，即随年龄增加而递减；（2）早期的研究都认为智力发展在 15 岁至 20 岁停止，但新近的研究发现，智力发展约在 25 岁达到顶峰；（3）智力发展速度与停止年龄虽然有个别差异，但与人的智力高低有密切关系，智力低的人发展速度慢，停止年龄亦较早，而智力高的人，其智力发展速度较快，停止的年龄亦较晚；（4）各种能力的发展速率与智力的发展速率并不相同，一般说来感知能力特别是着重反应速度的测验达到高峰和开始下降比较早，而较复杂的推理能力发展较慢且下降亦较缓慢。（见图6-2和图6-3）

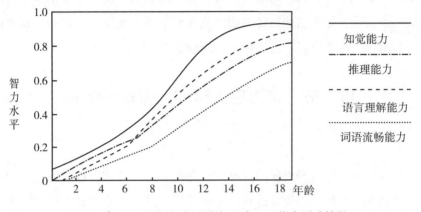

图6-2 智力发展曲线(据瑟斯顿基本心理能力测验结果)

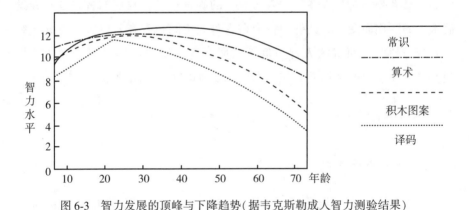

图6-3 智力发展的顶峰与下降趋势(据韦克斯勒成人智力测验结果)

(二)智力发展的个体差异

所谓个体差异(individual difference)，指个体在成长过程中因受遗传与环境的交互作用，使不同个体之间在身心特征上所显示的彼此不同的现象。智力发展主要存在以下个体差异：

1. 智力发展水平的差异。智力有高低的差异，大致来说，智力在全人口中的表现为正态分布（normal distribution）：两头小，中间大。智力的高度发展叫智力超群或天才，智力发展低于一般人的水平叫智力低下或智力落后，中间分成不同的层次。20 世纪初，推孟（L. M. Terman）用智力测验来鉴别超常儿童，凡智商达到或超过 140 的儿童被称为天才儿童，这种儿童的特征是：观察事物细致、准确；注意容易集中，记忆速度快、准确而牢固；思维灵活，有创造性，不易受具体情境的局限。智商在 70 分以下者为智能不足。智能不足儿童的一般特点为：知觉速度缓慢、范围狭窄、内容笼统、贫乏；对词和直观材料的记忆都差，再现时歪曲和错误较多；语言发展缓慢、词汇量少、缺乏连贯性；严重丧失生活自理能力等。

2. 智力表现早晚的差异。人的智力的充分发挥有早有晚。有些人的智力表现较早，年轻时就显露出卓越的才华。这叫"人才早熟"。如王勃 10 岁能赋，李白 5 岁诵六甲，7 岁观百家。另一种情况叫作"大器晚成"，指智力的充分发展在较晚的年龄才表现出来。这些人在年轻时并未显示出众的能力，但到中年才崭露头角，表现出惊人的才智。英国著名生理学家谢灵顿年轻时放荡不羁，后来受到刺激，幡然悔悟，立志向学，终于获得巨大的成就。可见，并不是所有取得重大成就的人，智力都是早熟的。

3. 智力结构的差异。智力有各种各样的成分，它们可以按不同的方式结合起来。智力有不同成分，使智力互相区别。例如，有人强于想象，有人强于记忆，有人强于思维等。也由于不同智力的结合，构成了结构上的差异。例如，在音乐智力方面，有人有高度发展的曲调感和听觉表象智力，但节奏感较差；而有人有较好的听觉表象智力和强烈的节奏感，但曲调感差。

4. 智力的性别差异。性别差异并不是表现在一般智力因素上，而是反映在特殊智力因素中，如数学智力、言语智力、空间智力、操作智力上。

例如，空间智力（spatial ability）是性别差异体现最为明显的一种智力。林和皮特森（Linn & Peterson）基于以往的研究提取了空间智力的三个因素：空间知觉（spatial perception）、心理旋转（mental rotation）、空间想象（spatial visualization）。研究表明，在空间知觉和心理旋转测验中，男性明显优于女性；而在空间想象力测验中，男女差异不显著。

二、研究支持

（一）智力发展水平差异的研究支持

推孟根据斯坦福——比内量表的一个常模群体的智商分布情况绘制了图6-4，其均数为100，标准差为16，横轴为IQ值，纵轴为分布的百分比。可以看出，这是一个近似于正态分布的曲线，这一智商正态分布的结论得到了其他研究结果的支持：在一般人群中，智力极高的（IQ在140以上）与极低（IQ在70以下）者均占少数，智力中等或接近中等（IQ在80—120）者占大多数，约占总人口的80%。实际上，智力分布曲线的两侧并不完全对称，智力低的一端人数相对较多，这是因为除按正常的变异规律由遗传引起的智力落后外，还可由疾病、脑伤及其他意外事件而造成智力落后。

（二）智力结构差异的研究支持

查子秀（1990）比较了超常儿童与普通儿童的认知能力，包括词语类比推理、图形类比推理、数概括类比推理、创造性思维和观察力。结果发现，只有在解决难度大的问题时，两组儿童在思维能力上才表现出明显的差异，如超常儿童在创造性思维和数概括类比推理上均有出色的发展。由此可见，智力是由不同成分构成的，不同结构的差异造成了人与人之间的智力差异。

（三）智力性别差异的研究支持

1. 数学能力的性别差异。数学能力（mathematical ability）是对数学原理

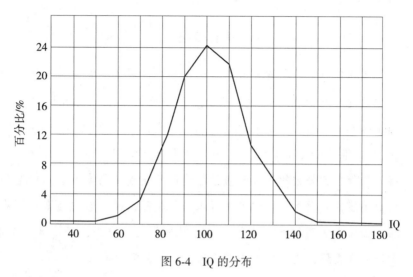

图 6-4 IQ 的分布

（资料来源：桑标. 儿童发展心理学［M］. 北京：高等教育出版社，2009.）

和数学符号的理解与运用能力，这种能力主要表现在计算和问题解决上。计算能力体现了对程序性知识的速度和精确性技巧的要求；问题解决则体现了对信息的正确分析与选择、组织策略性知识、应用统计方法的综合性技能的要求。海德等人（Hyde，Fennema，& Lamon，1990）对 40 年来的100 个相关研究的元分析发现：女生在计算能力上具有一定优势，但这种优势只表现在中小学阶段；在问题解决上初中时期女生略好，而高中及大学阶段则男生表现出优势。

2. 言语能力的性别差异。言语能力（verbal ability）是对语言符号的加工、提取、操作的能力，表现在听、说、读、写四个方面。言语能力并非单一的结构，它包括对言语信息的记忆、转换、理解、组织和应用等方面。Hoover（1987）总结了针对 3—8 年级学生的一系列研究后发现：女生言语能力普遍比男生好。在各种言语能力中，以词的流畅性所显示的女性优势最为明显（Hines，1990），而言语推理则显示了男性优势。

◯ 拓展阅读

弗林效应

　　弗林效应是关于智力随年龄变化的一种现象，它关注代际间的变化。通过对发达国家超过三代人 IQ 分数的分析，政治科学家弗林（James Flynn）得出结论：20 世纪 80 年代，一般 20 岁人的 IQ 平均分比 1940 年对应人群高 15 分，平均每年增长 0.33。弗林认为观察到的智力测验平均分数的增加是由于环境而不是遗传因素所致，但增加的分数不能仅归因于正规学校教育水平的提高，其他影响因素也可能存在。如父母更高的教育成就，父母对孩子关注更多，经济地位提高，营养条件更好，更少的童年期疾病，日益复杂的技术社会等。

　　（资料来源：艾肯. 心理测量与评估［M］. 张厚粲，黎坚，译. 北京：北京师范大学出版社，2006.

三、理论应用

（一）把握孩子智力飞速发展的时期

　　个体的智力并非一出生就全部获得，而是随着年龄增长逐步得到的，布鲁姆（B. Bloom）在其《人类特性的稳定与变化》一书中提出，如果以 17 岁时所达到的平均智力水平作为 100%，那么儿童从出生到 4 岁的智力就已经达到了 50%；从 4—8 岁获得另外的 30%；而最后的 20% 则是在 8—12 岁获得的。根据这些研究，可以认为，儿童早期阶段的智力发展较快，并且对以后的发展有很大的影响。教育开始得越早，儿童潜在能力的实现就越大；相反，教育开始得越晚，即使儿童具备优越的遗传素质，其潜在能力实现的可能性也会变小。

（二）不要放弃任何一个孩子，很可能他属于"大器晚成"

人的智力得到充分发展的时间有早有晚，有的人早慧，如奥地利作曲家莫扎特5岁开始作曲，8岁试作交响乐，11岁创作歌剧；而有的人大器晚成，如达尔文年轻时被人认为是智力低下，而最终却成为了进化论的创始人。教师应该明白，并不是所有的孩子都是莫扎特，早早地就能崭露头角，也许很多孩子是达尔文。并不是他们不够聪慧，而是智力发展需要时间，因此教师要始终用发展的眼光看待每一位孩子，不放弃任何一个孩子。

（三）尊重孩子独特的智慧

能力是由多种成分构成的，每个孩子都可能拥有属于他自己的、独特的智慧。因此家长应该多多关注自己的孩子，善于发掘孩子身上的闪光点，而不是把自己的意愿一味地强加给孩子。很多家长认为孩子需要某种能力，就强迫孩子学习他们并不擅长的东西，而孩子本身所具有的在某一方面的天赋就被埋没了，这对于孩子的发展来说是非常可惜的。

☑ 章末总结与延伸

一、提炼核心

1. 斯滕伯格的三元智力理论提出智力行为包含三种成分：情境成分、经验成分和信息加工成分。斯滕伯格认为：（1）聪明的行为在很大程度上依赖于行为发生的情境；（2）个体具备多少任务的相关经验也有助于鉴定其行为的智力水平；（3）必须强调与智力成分有关的因素，即对问题做出限定，阐明解决问题的策略，然后对认知活动进行监控，直至得出答案这一信息加工过程。此外，斯滕伯格还提出了成功智力的概念，其包括分析性智力、创造性智力和实践性智力，三方面协调平衡才最有效。

2. "多元智力理论之父"加德纳在《智力的结构》一书中提出了多元智力理论。迄今，加德纳列出的智力包括：(1)言语—语言智力；(2)音乐—节奏智力；(3)逻辑—数理智力；(4)视觉—空间智力；(5)身体—动觉智力；(6)自知—自省智力；(7)交往—交流智力；(8)自然—认知智力；(9)心灵—感悟能力；(10)生存—体验智力。他认为，这些智力之间彼此独立，但在促成智力行为的产生上可能是相互作用的。对脑损伤病人的研究及"神童"和"白痴天才"的存在为加德纳的多元智力理论提供了重要的依据。对某种能力迁移性的研究证明多元智力中的每一种智力是相互独立的。

3. 萨洛维和梅耶的情绪智力理论认为情绪智力包括以下几方面的能力：(1)觉察、评价和表达情绪的能力；(2)情绪促进思维过程的能力；(3)理解与分析情绪、运用情绪知识的能力；(4)成熟地调节情绪的能力。此外，萨洛威和梅耶根据以上理论模型编制了第一个能力型情绪智力量表。

4. 斯滕伯格和洛巴特的创造力投资理论认为，创造力是由多种成分组成的，或者说是受多重影响的。具体来说，是由六种不同因素间的相互作用组成的。包括：(1)智力资源；(2)知识；(3)认知风格；(4)个性特征；(5)动机；(6)支持性的环境。洛巴特和斯腾伯格(1995)采用投资的理念进行了实验研究，其结果支持了创造力的投资理论模型。

二、教师贴士

(一)培养学生的分析性思维、创造性思维、实践性思维

1. 分析性思维的培养。教师要鼓励学生自己发现和提出问题，而不仅仅是回答问题。重视过程教学和提纲教学，帮助学生组织自己的思维，在解题之前做好解题的计划等。同时，注重评价学生的学习过程，帮助学生自我监控。

2. 创造性思维的培养。在课堂中教师要通过多种方法鼓励学生自己重新界定问题，对已知的东西持有质疑。鼓励学生独立创造自己的东西，培养学生坚信自己具有创造能力的信念。引导学生从不同的角度看待问题，在教学时可以创造困难情境让学生解决，提升创造力。

3. 实践性思维的培养。教师在教学过程中要激励学生学习的内在动机，帮助学生对新知识的学习进行合理计划，运用心理学中的"登门槛效应"逐步完成任务（即先完成一个小目标，后逐渐扩大目标直至成功），克服拖延行为。

（二）结合多元智力理论开展教学

1. 教师不能只以考试成绩好坏来衡量一个学生是否优秀，应当尊重学生的个体差异性，制定个性化培养目标。加强多元智力理论学习，将多元智力与教学实践结合起来开展教学工作，例如语言智力和逻辑智力较好的学生善于科研学习，音乐智力较好的学生擅长歌唱、舞蹈，动觉智力好的学生擅长体育运动等。要树立多元智力教育理念，在教学实践中充分挖掘学生的潜在智能，全面提升学生的综合素质。

2. 教师在教育中要尊重学生的个性，根据不同的学生制订不同的培养计划。教学过程中可以采取的教学方法包括案例教学、合作学习、情境教学、对话教学、问题引导，从而激发学生的学习兴趣。例如，在语文教学中可以采取合作学习与情境教学，在讲解难以理解的哲学故事时，可以将全班同学分成若干小组，进行情景剧表演，在小组合作的过程中可以充分挖掘学生的潜在智能，为学生提供施展的平台，在表演的过程中能够使学生更好地理解文章主旨。

3. 教师应意识到每个学生都有其自身的智能优势，在教育过程中要开展多元化评价，关注学生擅长的领域，进而更好地挖掘学生的智能优势。

（三）关注学生情绪智力的培养

1. 教师应注重对学生的关心和体贴，时常和学生进行情感交流，使学生在集体中感受到温暖，有安全感和信赖感。教师的言行会潜移默化的影响学生，因此教师要注意自身的情绪控制，以自身的愉快情绪为学生作良好的示范，让宽松的氛围感染学生。

2. 教师平时要善于观察，及时了解学生的情绪，给予正确的引导和帮助。教师要在日常学习生活中主动关心学生，发现其优点并及时给予鼓励。

三、家庭应用

(一)要培养孩子的成功智力

1. 家长应该相信每个孩子身上都有自己的闪光点，要以发展的眼光来看待孩子，正确认识孩子间的差异，确信每一个孩子都能成功。

2. 家长要注重孩子常识的学习，常识对学生的学业成功很重要，有利于课堂知识的迁移。在让孩子了解和掌握生活常识的同时，要注重孩子生活能力的锻炼和培养。

3. 全面正确评价孩子的成功，坚持对孩子实施鼓励性评价，从孩子的原有基础出发，发现和肯定孩子的每一点进步和成功，促使孩子发现自己、发展自己，看到自己的力量，找到自己的不足，满怀信心地不断争取成功。

(二)运用智力理论发展孩子的多元智能

1. 更新教育观念，挖掘孩子潜力。"望子成龙"是父母对孩子的美好期待，但如果盲目地对孩子进行各种教育，不仅会给孩子造成很大的压力，还可能会导致孩子出现学习障碍、厌学等问题。若是任由孩子行事，完全放任不管，也可能使得孩子误入歧途。作为孩子家长，应该意识到每个孩子都是"潜力股"，用发展的眼光看待孩子的优点和不足，多引导、支持孩子，促进他们的全面发展。

2. 丰富家庭教育内容，发展孩子多元智力。首先，家长要注重培养孩子解决实际问题的能力，对孩子的教育内容进行选择，将日常生活中的人、事、物融入家庭教育。其次，可以适当给孩子一些富有挑战性的作业，允许并鼓励他们大胆设想，允许他们犯错误。最后，孩子的非智力因素也非常重要，比如情绪管理能力的培养、待人接物的态度等，充满自信、挑战自我极限、不惧权威、坚持己见、勇于探索等信念的培养有利于孩子心理的健康成长。

3. 改变家庭教育方式，营造和谐的家庭氛围。一般而言，民主型的教养方式有利于孩子的智力发展。因此，家长应创造相对宽松的心理环境和外在环境，让孩子的潜能得以发掘。家长应该以朋友的身份，多跟孩子沟通交流，而非高高在上地说教。同时，家长要合理对待孩子的成功，既不过分夸大，又达到鼓励的效果，使其养成"胜不骄，败不馁"的良好心态。

4. 坚信"适合的才是最好的"培养观念。在教育孩子时，应考虑孩子的现有水平，不能强求孩子做很难做到或不喜欢的事。适合的才是最好的，如果一味要求孩子达到家长所认为的好，而不考虑适不适合，只会加深亲子之间的鸿沟。只有找到适合孩子的方向，才能最大限度地发挥出孩子的优势。

（三）重视孩子情绪调控能力的培养

1. 面对孩子的各类需要，家长要客观分析，满足孩子合理要求，同时拒绝不合理要求。家长要预先与孩子一起设定一些规范，逐步培养孩子明辨是非的能力，进而在实践活动中用这种能力对自己的情绪表达方式做出价值评判。只有当幼儿能够对自己的情绪进行价值评判时，才具有实现情绪调控的可能性。

2. 家长应该积极创造孩子与同伴交往的机会，与同伴的交往一方面可以愉悦孩子的身心，另外一方面为孩子提供了实践情绪调控的机会。与同伴交往过程中产生矛盾可以使孩子们学会如何与别人协调，如何抑制自己不合理的愿望，如何处理同伴关系，这样的经历有助于幼儿情绪控制机制的形成。

3. 家长应帮助孩子学习主动自觉地控制情绪。可以在日常生活中教给孩子一些自我调节的方法，譬如告诉他们，当他们控制不了自己的情绪时，就在心里暗暗说"不能打人"或"不能摔东西"；或者在不愉快时想想其他愉快的事情。

四、实践练习

1. 教师在日常教学过程中要善于观察孩子，发现每一位孩子擅长的领域，并鼓励他们发展自己的优势智力。在课堂上要运用不同的教学形式，尽力让每一个学生有展示的机会。可以采取言语或非语言的教学形式，言语的教学形式有辩论、演讲，非言语的教学形式有手工、绘画等。

2. 家长在家庭环境或亲子互动的过程中要注意避免说伤害孩子自尊心或全盘否定孩子的话，例如"别的孩子都可以考 100 分，你为什么不可以?"要善于发现孩子的优点，多说鼓励孩子的话，例如"你真棒!""你在跳舞方面是有天赋的"。

第七章 儿童情绪发展

情绪是儿童早期适应生存、适应社会生活的重要心理工具，例如刚出生的婴儿还不能用语言表达他们的需求，此时情绪就起到了非常重要的作用，他们可以通过哭泣获得养育者的关注，从而获得食物或是抚摸；他们也可以用微笑来安抚养育者的辛劳。随着年龄增加，儿童逐渐能够表达更加丰富的情绪，同时也能逐渐理解大人们的情绪。那么情绪是如何产生的呢？儿童的情绪理解又是如何发展的呢？本章将首先探讨情绪产生的原因以及情绪理解的发展规律。

世界上没有两片相同的叶子，婴儿一出生就是一个与众不同的个体，他们有着独特的气质，这里的气质指的是一个人较为稳定的个性特征，托马斯(A. Thomas)对婴儿的气质类型进行了分类。儿童成长过程中除了自身特有的气质之外，他们还会与照料者之间形成特殊的情感联结，叫做依恋(attachment)，艾斯沃斯(M. Ainsworth)探讨了依恋的类型，并将其分为了安全型、回避型、拒绝型和混乱型依恋四种。了解婴儿气质和依恋类型为教养者实施养育提供了方便。

第一节 别被片面的认知左右情绪
——阿诺德和拉扎鲁斯的认知评价情绪理论

两个同学一起走在路上，迎面碰到了老师，他们向老师打招呼，但对方没有回应，便径直过去了。其中一个想："他可能在想别的事情，没有注意到我们；就算是看见了没理我们，也可能有什么特殊的原因。"另一个人可能有不同的想法："是不是我上次上课的时候顶撞了他，他故意不理我了，接下来就要故意找我的碴儿了。"前者觉得无所谓，心情很平和，该干什么就干什么；后者则怒气冲冲，情绪低落，以致无法平静下来做自己该做的事情。为什么两人面对同样一个刺激情景，却产生了不同的情绪反应呢？认知评价情绪理论指出，左右我们情绪的并不是事件本身，而是我们对事件的认识和评价。

一、理论介绍

情绪的认知评价理论，又称认知—评估理论、评估—兴奋学说，是由美国心理学家阿诺德(M. B. Arnold)于 20 世纪 50 年代提出的，后由拉扎鲁斯(R. Lazarus)进一步扩展。该理论强调认知评价在情绪中的重要作用。

阿诺德认为，刺激情境并不直接决定情绪的性质，从刺激出现到情绪产生，要经过人的评价和估量，这种评价和估量是在大脑皮层上发生的。情绪产生的基本过程是刺激情境——评价——情绪，同一刺激情境，评价不同，所产生的情绪反应也不同。例如，在森林中看到一只老虎会引起恐惧，而在动物园里看到笼中的老虎却并不害怕，这是由于个体对情境的认识和评价在起作用。刺激事件一旦被感知，个体就会自动生成"此时此地它对我是有利的还是有害的"的评价，而这种评价会使个体产生一种有关刺激事件与自身利害关系的情绪感受，并产生接近或远离该事物的需要和行为。

拉扎鲁斯进一步把阿诺德的评价扩展为三个层次：初评价、次评价和再评价。初评价是指确认刺激事件与自己是否有利害关系以及关系的程度；次评价是指对自己行为反应的调节和控制；再评价是指对自己情绪和反应行为的有效性和适应性的评价，实际上是一种反馈性行为。拉扎鲁斯认为，情绪是人与环境相互作用的产物，情绪活动必须有认知活动的指导。

阿诺德和拉扎鲁斯的认知评价情绪理论既承认情绪的生物学因素，具有进化适应的价值，也承认情绪受社会文化的制约和个体经验及人格特征的影响，而这些又发生在对事物的认知评价中。该理论有助于推进有关情绪及情绪与认知关系的研究。

二、研究支持

原琳、彭明、刘丹玮和周仁来 2011 年考察了 41 名大学生的认知评价对情绪的作用，将被试随机分为演技评价组和控制组。实验由 4 分钟的安静休息及三段电影片段(作为情绪刺激)组成。第一段为中性片段"宇宙与人"，第二段为负性片段"我的兄弟姐妹"，第三段也是负性片段"我的兄弟姐妹"，两段负性电影情节连续。

实验过程中，记录被试的生理活动，并请被试对其即时的主观情绪感受进行自评。整个实验过程由一名女性实验者朗读指导语，并实现录制好的实验指导语串连。除观看第二段负性电影之前的指导语外，其余指导语对两个被试完全相同。生理活动由生理记录仪进行信号的采集、转换、放大和存储。在观看第二段负性电影前，演技评价组听到的指导语中介绍了扮演四名孤儿的小演员的姓名、年龄、脾气秉性及拍摄电影时的趣闻，并告诉被试，四个小演员的演技不过关，经常哭不出来，导演只能用眼药水代替眼泪。而控制组被试听到的指导语仅简要回顾了负性电影的情节。此外，两组的指导语都仅要求被试继续自然地观看电影。

结果发现，相较于观看中性电影，观看负性电影使个体的主观负性感受和皮肤电反应活动增高；在评价背景相同时，两组被试在安静休息状态、观看中性电影和观看负性电影时的情绪感受与皮肤电反应活动无差异；在持有利于情绪调节的评价时，评价组的负性情绪感受和皮肤电反应均显著低于控制组。这表明，认知评价影响个体的主观情绪体验，并在一定程度上抑制负性情绪所致的生理唤起的增高。

三、理论应用

情绪的认知评价理论强调认知评价在情绪产生中的重要作用。拉扎鲁斯把该理论与艾利斯(A. Ellis)的理性情绪理论(rational-emotive theory)相结合。艾利斯指出，人类并不受情绪干扰，而受他们看待事情的信念所影响。这里的信念与认知评价理论中的评价是等价的。该理论在实际生活和教育中有着重要的意义。

(一)换个角度看孩子

人的优点和缺点是相辅相成的，如勇敢和冒失、乖巧和懦弱、谨慎和畏缩……都是人的性格特点在不同情境下反映出来的不同侧面，甚至是别人出于个人的好恶主观给贴上的标签。角度不同，关注点就不同。因此，父母不能因为自己的心情和喜好给孩子做出一个冒失的评价。很多情况并不是孩子不好，而是家长急于让孩子达到自己的期望。父母应细心观察孩子，发现他们的兴趣和特点，因势利导。

父母和教师要用孩子的眼光看世界。看问题的角度不同，认知就不一样。要理解孩子的想法，关注孩子积极的一面，变劣势为优势，将孩子缺点中的优点放大出来，等优势战胜劣势，孩子的缺点也就变成了优点。

(二)引导孩子正确评价自己，辩证地看待问题

父母和老师要引导孩子学会正确分析自己的优势与不足。看问题要一分为二，采用发展、辩证的眼光，不能只看到事情的好处或只看到坏处，要客观公正地加以评价。引导孩子更加清醒地认识自己、认识他人和周围的世界。当儿童对周围的事物或情境做出消极的评价时，会给自己以不良的暗示，导致消极情绪的产生。如在面对挫折和失败时，认为是自己能力差，各方面条件不行，久而久之，就会形成自卑心理，对自己缺乏信心。所以，家长要引导孩子学会积极评价自己。

(三)引导儿童换个角度看问题

"横看成岭侧成峰，远近高低各不同"，不同的人站在不同的角度观察，会得出不同的结论。换个角度看问题，就是换个想法看问题。任何事

情都有积极的一面，关键在于自己是怎样选择的。要在日常生活中抓住契机多引导儿童。

四、应用案例

塞尔玛随丈夫驻扎在沙漠的陆军基地。丈夫奉命到沙漠里演习，她一个人留在部队的小铁皮房里，天气热得受不了，与周围的印第安人、墨西哥人又语言不通，她非常难过，只得写信给父母，说要丢开一切回家。

她的父亲收到信后，给她的回信只有两行字："两个人从监狱的铁窗往外看，一个看到的是地上的泥土，另一个看到的却是天上的星星。"

塞尔玛一再地读这封信，觉得非常惭愧，她决定要在沙漠中找到星星。

她开始主动和当地人交朋友，他们的反应使她非常惊讶：她对他们的纺织品、陶器感兴趣，他们就把最喜欢但舍不得卖给观光客人的纺织品和陶器送给她。塞尔玛研究沙漠中的仙人掌和各种植物、动物的形态。她观看沙漠的日落，感受沙漠中的海市蜃楼，还寻找海螺壳，这些海螺壳是几万年前这片沙漠还是海洋时留下来的。

结果，奇迹发生了：原来难以忍受的环境变成了让人兴奋、流连忘返的奇景。她为发现新的世界而兴奋不已，并以此写了一本书《快乐的城堡》。她终于看到了沙漠里的星星。

（资料来源：边玉芳，张瑞平．儿童发展心理学［M］．杭州：浙江教育出版社，2015.）

点评：情绪的认知评价理论说明一个人的情绪往往会被他的认知所影响。上述案例中的塞尔玛，当她只看到沙漠不好的一面，并将其看作是一个受折磨的地方就会感到崩溃、难以忍受。而当她领悟了父亲的教导，换个角度去看待同一个沙漠时，她就跳出了自己建造的思想牢笼，看到了沙漠里的星星。很多时候，影响我们情绪和心情的，正是我们对事物的看法。换个角度看问题，世界会更美。

第二节　理解是无障碍交流的基础
——情绪理解的发展

情绪可以帮助儿童建立与外界环境的某种关系，同时也可以帮助他们维持和改变这种关系。要做到这一点，除了依赖于儿童情绪的表达之外，还依赖于儿童对自身和他人情绪的理解。

一、理论介绍

情绪理解是指儿童理解情绪的原因和结果的能力，以及应用这些信息对自我和他人产生适当情绪反应的能力。情绪理解包含的内容非常广泛，表情识别、对情绪情境的识别、对混合情绪的理解、对情绪表达规则的认识都可以归为情绪理解的范畴，由此可以看出情绪理解的组成成分非常丰富，不同成分出现的年龄阶段和发展特点也存在一定的差异。

(一)表情识别的发展

克林勒特等(Klinnert & Campos，1983)指出，儿童运用面部表情和分辨他人情绪表情的能力是逐步发展起来的，并区分出四个发展水平：

水平1：无面部知觉(0~2个月)。这一时期，新生儿知觉面部表情所需要的对面孔各部分位置以及面孔轮廓的整合能力还未形成，婴儿自发的表情同成人对他发出的表情之间还没有联系。所以，婴儿还不能接受或理解情绪信息。

水平2：不具备情绪理解的面部知觉(2~5个月)。2个月的婴儿已经能知觉成人的面部表情，并作出一定的情绪反应。但这时婴儿还不理解成人面部表情的意义，作出的情绪反应不具有意义上的相应性。例如，3、4个月的婴儿对成人的忧愁或微笑一律报以欢快反应。

水平3：对表情意义的情绪反应(5~7个月)。半岁婴儿对正、负性情绪可发生不同的反应，更精细地知觉和注意面容的细节变化。

水平 4：在因果关系参照中应用表情信号(7~10 个月)。婴儿接近 1 岁时，情绪作为信息交流成为可能。这时，婴儿已学会鉴别他人的表情，并影响自身行为。有实验表明，8 个月的婴儿对母亲的微笑、悲伤或无表情面孔，已能显示相应的欢快或微笑、呆视犹豫或哭泣反应。

(二)对混合情绪的理解

混合情绪指的是个体对同一情境产生两种不同情绪的现象，如果这两种情绪在性质上具有一定的冲突性，则又可称为冲突情绪。对混合情绪的正确理解和判断是儿童情绪理解能力发展过程中的一次重大飞跃。

唐纳德森等(Donaldson et al. , 1986)对儿童理解冲突情绪的能力进行了考察，提出了儿童的不同发展水平：

水平 0：儿童能够正确识别单个的情绪反应，而不能理解多重情绪(包括情绪冲突)的存在。

水平 1：儿童能够理解多种情绪，包括冲突情绪的存在，但他们所理解的冲突情绪是针对不同的行为事件的，即这些情绪是顺序发生的，而不是同时出现的。

水平 2：儿童能够认识到同一个人或针对同一件事可能产生冲突的情绪，并且能够考虑到情绪之间相互影响的可能性，但他们还不能理解混合的情绪，不能理解过去的记忆或内部的心理过程是如何影响当前情绪的。

水平 3：儿童能够理解混合的情绪，认识到针对同一个人或同一个情境可能同时存在两种冲突的情绪，并能够把当前的情绪与人的记忆、思想和态度等进行协调。

研究发现，儿童理解不同冲突情绪的能力呈现出系列化的发展模式，4、5 岁儿童大部分处于水平 0 或 1，大部分 7、8 岁儿童处于水平 1 或 2，而 10、11 岁儿童则主要处于水平 2 或 3。

(三)情绪归因的发展

对于情绪归因的研究，往往会采用半结构式访谈的方式。研究者向儿童讲述故事然后让儿童探讨故事主人公情绪产生的原因。有研究表明，从 3 岁开始，儿童能够对情绪进行归因，并能够评价引发情绪的原因。如研究发现 3 岁儿童可以推测当故事中主人公得到渴望已久的兔子时，会感到高兴；但当兔子换成小狗时，将感到难过（Wellman et al.，1991）。同时，有研究发现，大约从 3 岁开始，儿童开始能识别情绪和引发情绪的情境。上述结果表明，大约 3 岁开始，儿童能够对情绪产生的原因进行解释和评价，并能将情绪与情绪引发情境相联系，并在此基础上对这种联系有一定理解。而到了 5~6 岁时，儿童已经能够对自己和他人的情绪体验作出合理的解释。

二、研究支持

（一）表情识别的发展

有一项研究是从全国 14 个省、市、自治区选取被试 12327 名，包括从幼儿园小班到高中三年级的每个年级。研究者将高兴、惊讶、恐惧、愤怒、厌恶、轻蔑等六种面部表情的彩色照片作为实验材料，让儿童进行辨认，结果发现：儿童青少年对不同情绪的面部认知的速度是不同的，最早趋于成熟稳定的是高兴、愤怒，其次是轻蔑，然后是惊讶、恐惧和厌恶的表情认知（黄煜峰等，1986）。这表明儿童已经能够正确辨认与理解他人的情绪状态。

（二）混合情绪理解的发展

有研究者（Gordis et al.，1999）设置了同时诱发两种截然相反情绪的情境，例如主人公在学校即将放暑假的前一天会同时产生高兴和难过两种情绪，高兴是因为放假了，而难过是因为不能和同学玩了。然后，询问儿童情境中主人公的感受，结果发现 6 岁的儿童已开始对混合情绪有所了解。进一步的研究（Harter，1987）更加强调了混合情绪的同时性，并且将混合情绪更细致地区分为同一性质的混合情绪和不同性质的混合情绪。结果发现，7 岁儿童只能识别同性质的情绪，例如同为积极情绪，或者同为消极情绪；只有到了 11 岁，儿童才能理解不同性质的情绪会同时发生在同一个体身上的现象。

(三)情绪归因的发展

陈琳、桑标等研究者(2007)采用故事情境法探究小学儿童情绪认知的发展。研究对象为小学二、四、六年级儿童，探讨他们对五种不同的情绪状态(基本积极情绪、基本消极情绪、积极自我情绪、消极自我情绪、冲突情绪)的识别，以及对情绪的原因认知(即什么原因导致该情绪发生)、情绪的外在行为表现认知(某种情绪一般导致什么外在的行为反应)及情绪的后继调节方式认知(为了调节某种不恰当的情绪，一般会采用什么方式)。结果发现(见图 7-1)：总体而言，情绪认知在小学阶段有明显发展；对基本积极情绪和基本消极情绪的认知最好，其次是积极自我意识情绪认知和冲突情绪认知，对消极自我意识情绪的认知最差。

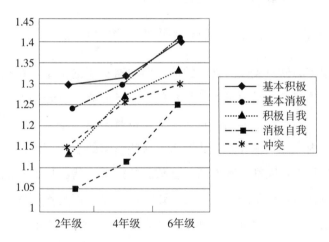

图 7-1 小学生对不同类别的情绪认知发展趋势

三、理论应用

作为个体情绪能力的重要组成部分，情绪理解在个体的发展过程中发挥着重要的作用。有研究者发现（邓赐平，2002），儿童的情绪理解是家庭情绪表露与儿童社会行为之间联系的中介，也就是说具有丰富情绪表露的家庭可能促进儿童的情绪理解，而这一认识又与儿童的社会行为的发展相关联。那么怎样营造一个情感表露丰富的家庭环境呢？主要有以下几点建议：

（一）家庭成员之间积极表达和讨论自己和他人的情绪

父母应多向孩子表达自己的情绪，多与孩子交流。比如当孩子做错事时，家长只顾生气和责骂孩子是没有用的，孩子可能根本不知道爸爸妈妈生气了，生气是什么意思，以及他们为什么要这样。因此家长需要向孩子表达自己的感受，以及是什么原因导致自己这样，那么孩子就会明白自己错在哪里，下次再遇到爸爸妈妈生气时就不会一头雾水了。同时，父母表达自己的情绪也为孩子提供了榜样，告诉孩子当他们高兴或者不高兴时都可以将他们的感受表达出来，促进父母与孩子之间的交流。

（二）家长应关注孩子的情绪并及时作出反应

家长很多时候只关注到自己的情绪而忽略孩子的情绪。在孩子小的时候，他们的情绪表达是简单而又强烈的，不开心就哭，开心就大笑，但是随着孩子年龄的增长，他们体验到的情绪也越来越丰富，他们会体验到尴尬、骄傲、内疚、羞愧等复杂的情绪，这些情绪的表达不再像小时候那样强烈，家长很有可能都注意不到自己孩子的这些情绪，也就不能及时地给予孩子回应，这对孩子的情绪发展以致社会性发展都是不利的，因此家长在与孩子相处的过程中也应该时时刻刻关注孩子的情绪状态。

（三）兄弟姐妹之间可以进行假装游戏促进情绪理解的发展

假装游戏最常见的就是孩子们的过家家，在与兄弟姐妹的交流中，孩子对情感的了解逐渐加深，紧密的兄弟姐妹关系，以及常常在游戏中表演各种情感状态，使得假装游戏成为儿童了解情绪的好机会。在游戏中，孩子们投入的情感越多，他们越受到同伴的喜爱，同时他们也会认同别人的情感并表达自己的感受，能增进相互之间的情感。

四、应用案例

孩子忧郁了

女儿是个极度敏感的孩子，一般孩子注意不到的细枝末节，在她眼里就可能被放大成参天大树。我很早就意识到了这一点，但一直错误地以为这么脆弱敏感的孩子一定要多多磨炼。我就自以为是地一直在磨炼她，好让她变得泼辣一些！

女儿2岁半时，我们搬家了。大人当然高兴，但对女儿来说，看不见熟悉的物品，看不见熟悉的邻居和小朋友了。她曾哭着求我们把家搬回去，这当然不可能。我丝毫没有注意到女儿渐渐忧郁起来的眼神。

现在想来，女儿受到的最致命的打击是3岁刚上幼儿园的第一天。那天，她带着最喜爱的图画书《红宝盒》到了幼儿园。下午接她的时候，我发现女儿的眼睛哭得又红又肿。她说图画书被老师没收了。我小心翼翼地跟老师商量："明天就送女儿来半天吧？"那位班主任老师说："这样太惯着她了，你也是当老师的，这个道理你还不懂吗？"第二天，当女儿用绝望的眼神哀求我别送她去幼儿园时，我不为之所动，自以为那是对她的锻炼，只要坚持送，就能改变她的敏感多虑。

从那以后，女儿开始出问题了：憋尿越来越严重；即使面对妈妈，也越来越不爱说话。我常在晚上摸摸她的小枕头，湿湿的！但她再也没有放声大哭过。她小小的心灵到底受过多大的创伤？我不知道。现在想来，那段日子对女儿来说定是暗无天日的。同样的经历不一定会给别的孩子留下阴影，但女儿却从此陷入了恐惧中。而我却在无知中毫不留情地把她推得更远。假若时光能够倒流，我一定毫不犹豫地带着女儿搬回旧家！一定第二天就带着女儿退出那所"双语艺术幼儿园"！

　　后来接触到"爱和自由"教育理念，我才明白，敏感的孩子需要更细心的理解和呵护、更多的爱与自由。如果妈妈都不能成为她最后的安全港湾，那她脆弱如丝的心灵还能从哪儿得到抚慰？对一个孩子而言，当四面八方都无出路，她又怎能不把自己封闭起来？

　　（资料来源：孙瑞雪．捕捉孩子的敏感期［M］．北京：中国妇女出版社，2013.）

点评：所有的孩子最初还是会向他们最亲近的人表达自己的感受，就像案例中敏感的缇缇在忧郁前也试图向妈妈表达自己的情绪，希望妈妈理解自己，然而因为缇缇妈妈始终认为敏感是一种不好的品质，并且一味地想要锻炼缇缇，导致她多次忽视了缇缇的诉求。渐渐地，妈妈的忽视使缇缇放弃了对外诉求，将自己包裹了起来。如果缇缇妈妈一开始就能关注孩子的情绪和诉求，结果也许会大不相同。

第三节　每个孩子都是不一样的
——托马斯的婴儿气质类型

　　父母们都知道，每个孩子都有其独特的人格。在描述儿童的人格时，研究者主要集中在气质方面。罗斯巴特和贝斯特（Rothbart & Bates，1998）认为气质"是个体在情绪、运动、注意反应以及自我调节等方面的先天差异"，是成人人格的情绪和行为的基石。在日常生活中，我们也可以发现有的孩子好动、顽皮，而有的孩子安静、乖巧，这就是儿童之间的气质差异。研究发现，气质是与生俱来的，新生儿已经表现出明显的气质差异。托马斯将儿童的气质类型划分为三种类型，这为教育者实施教育提供了便利。

一、理论介绍

托马斯将婴儿的气质划分为以下三类：

（一）容易型

这类儿童的饮食、睡眠习惯等有规律，比较活跃，容易适应新环境，容易接受新事物和不熟悉的人。他们一般心情愉快、求知欲强、喜爱游戏，对成人的交往行为反应积极。

（二）困难型

这类儿童突出的特点是生理节律混乱，饮食、睡眠等缺乏规律；平时不太友好，情绪不稳定，易烦躁，爱吵闹，不易安抚；对新生活很难适应，遇到新奇的事物或人容易产生退缩行为；主导情绪消极、紧张，容易分心。

（三）迟缓型

这类儿童平时活动时不易兴奋，相对来说不怎么活跃，反应强度比较弱，情绪比较消极，表现为安静和退缩，对环境的改变适应较慢。但在没有压力的情况下，他们也会对新刺激缓慢地发生兴趣，在新情境中能逐渐地活跃起来。

托马斯认为气质的早期差异与遗传密切相关，但后天的生活环境仍可以对气质不断地进行塑造，因此，先天的气质会随着经验的增加而改变，但这种改变是非根本的、局部的改变。

二、研究支持

托马斯、切斯（S. Chess）和伯奇（H. Birch）采用九个指标，以 141 名儿童为被试进行了十多年的气质追踪研究。实验者根据九个独立的三点量表，在婴儿出生后第一年每三个月进行一次实验，1 岁到 5 岁每半年一次，5 岁后每年一次，最后概括出儿童各个年龄阶段的气质特点。

结果发现，儿童存在三种气质类型：容易型、困难型和迟缓型。大多数婴儿属于容易型，占研究对象的 40%，10% 属于困难型，15% 属于迟缓型。除以上三类气质外，还有35%的婴儿属于三者的混合类型。研究者也发现，在1~3个月的新生儿中，存在着明显的、持久的气质特征，这些特征不容易改变，在以后的实验里仍能见到。

托马斯的结果是根据观察得来的，同时又来自大规模、长时间的追踪研究，因而科学性较强，代表了迄今为止较高的研究水平。

表 7-1 儿童个性类型和气质

气质维度和内容 \\ 儿童类型		容易型	迟缓型	困难型
活动水平	活动期与不活动期之比	较适中	多变	多变
节律性	饿、排泄、睡眠和觉醒的节律	很有节律	多变	无节律
分心	外部刺激改变行为的程度	多变	多变	多变
探究与退缩	对新的客体或人的反应	积极探究	最初有退缩	退缩
适应性	儿童适应环境变化的容易性	很易适应	慢慢适应	慢慢适应
注意的广度和持久性	专心于活动的时间，分心对活动的影响	高或低	高或低	高或低
反应的强度	反应的能量，无论它的性质和方向	低或适度的	适度的	强烈的
反应性阈限	唤起一个可以分辨的反应所要求的刺激强度	高或低	高或低	高或低
心境的性质	友好的、高兴的行为数量与不友好、不高兴的行为相比	积极的	稍许否定的	否定的

🗩 拓展阅读

气质和儿童教养方式：良好匹配模型

许多儿童的气质随着年龄增长发生了变化。这说明，如果儿童的先天倾向阻碍了儿童的学习或与他人的相处，那么成人可以削弱这些不适应的行为。

托马斯和切斯（1977）提出了一个良好匹配模型（goodness-of-fit

model）可以解释气质和环境如何共同起作用以导致最佳效果。良好匹配的意思是，创设一种最适合儿童气质类型的教养环境，帮助儿童形成更具适应性的能力。

困难型气质的儿童经常得到与其气质不相匹配的养育，这大大增加了他们随后发生适应问题的风险。例如，两岁时，困难型儿童的父母经常用生气和惩罚管教儿童，这阻碍了努力控制能力的发展。这些养育行为使儿童保持并加重了易激惹、易冲突的行为方式。如果父母积极、敏感，就能帮助儿童调节情绪，困难型气质表现会减少。

有效的养育还取决于生活状况。萧条的经济往往导致了人们为经济状况担忧，上班时间很长，使父母没有时间和精力来耐心地带孩子，而这点正是困难型气质最需要的。

文化价值观也会影响父母教养方式与气质之间的匹配程度，在中国做的研究揭示了这一点：在中国的集体主义文化价值观里，是不鼓励人们张扬自我的，这使中国的成人积极评价害羞的儿童。但是，中国市场经济的迅速发展要求人们具有成功所需要的个性和社交品质，这也许是近来中国父母和教师对儿童期害羞的态度发生逆转的原因（Xu & Peng，2001；Yu，2002）。

良好匹配模型提示人们，婴儿具有独一无二的气质，成人必须接受它。父母不能总是赞扬儿童，也不能总是批评他们的缺点。父母应该把一个可能加重儿童问题的环境变成一个可以增强儿童能力的环境。良好匹配也是亲子依恋的核心。这种最亲密的关系产生于父母和婴儿之间的互动，双方的情绪特点都会影响依恋的质量。

三、理论应用

儿童的气质各不相同，测查儿童的气质类型，可以帮助家长了解儿童的气质特点，从而采用合适的方式教养孩子，使儿童发挥出最佳状态，并预防行为问题的发生。

(一)观察儿童，了解儿童的气质特点

作为父母或教师，应当了解孩子的气质类型和特征，在教养时做到因势利导、因材施教。我们要明确的一点是，每个孩子都有各自的气质特征，每一种气质都有其优缺点，气质并无好坏之分。成人要了解和认识孩子的气质特点，发挥他们气质中的优点，修正不良的气质特点，更加个性化地养育孩子。

(二)针对儿童的气质类型选择恰当的教养方式

托马斯和切斯提出的良好匹配模型提示我们要根据孩子的气质特点选择最合适的教养方式。

对于困难型儿童，他们的生活缺乏规律，时常哭闹，不易安抚，这些孩子护理起来比较困难。父母往往感到束手无策，时间长了，就会对孩子失去耐心。困难型儿童需要父母付出较多的体力和精力，积极地适应和耐心地说服孩子，理性克制自己的情绪，掌握一定的技巧来应对易烦躁和爱哭闹的孩子，这样才能和孩子建立起和谐、亲密的亲子关系。要注意的是，在教育孩子时，父母的观点要一致，不要经常斥责、惩罚孩子。

对于迟缓型儿童，他们对新事物和新环境的反应也比较消极，情绪不甚愉快，但不如困难型儿童强烈。这类孩子就需要父母特别的耐心和宽容，如果给孩子施加压力，往往会事与愿违，孩子会选择逃避。父母要创造机会让孩子多尝试，积极主动地唤起儿童的反应，不能因为一时得不到孩子积极的回应就失去信心。随着年龄的增长，如果得到父母足够的关爱和正确的引导，这类儿童会向积极的方向转化，获得安全型依恋。

大多数孩子属于容易型。他们的生活有规律，情绪愉悦，能较快适应新环境，因而成人护理起来比较容易。他们对成人的抚养活动给予了积极的反馈，这有助于增进亲子间的感情，孩子也会觉得父母关心、爱护自己，在情绪和行为表现上会更加积极，发展更为迅速。对于这类孩子父母要一如既往地给予关爱、重视，使孩子更加积极、愉快。

要注意的是，不同气质类型的孩子对于关注和爱的需求是不一样的。因此，父母要根据孩子的不同特点来养育孩子，满足不同特点孩子的亲密需要，形成良好的亲子依恋关系。

(三)重视父亲在儿童气质形成中的作用

在影响儿童气质的因素中，父亲起着重要的作用。孩子的行为与父亲的教育是分不开的。此外，父亲对孩子的成就动机的发展有密切关系。有研究发现，高成就者一般与父亲的关系较密切；成就较低者与父亲的关系通常较疏远。父子关系比较冷淡的孩子在数学和阅读理解方面的成绩较低，在人际关系中表现出不安全感，自尊心较低，常表现为焦虑不安，不容易与他人友好相处。儿童在婴儿期与父亲建立一种积极的亲密关系，对儿童的身心健康和人格发展有很大的促进作用。从这个意义上说，父亲在儿童教育中的角色是无可替代的。

四、应用案例

妈妈带着小小在游乐场里玩，有个小朋友跑来找小小一起玩滑梯。小小面对小朋友的邀请不但不回答，还跑回妈妈身边，躲在妈妈身后。妈妈一边把小小从身后拉向身前，一边跟小小说不要害羞，催促她大方接受邀请，和小朋友一起去玩。

小技巧：父母不要过于催促，给孩子施加压力，但也不要后退。要注意寻找机会，让孩子多尝试，去适应新环境和新刺激。尽管这些孩子比较羞涩，但教他们一些对付类似情景的技巧，能够帮助他们更好地适应外部环境。

小伟总体来说是比较乖的，会自己吃饭，乖乖睡觉，但他很容易发小脾气。只要爸爸妈妈不给他喜欢吃的东西或是喜欢玩的玩具，他就气鼓鼓地不理人，或者大哭大闹，有时还会扔东西。

小技巧：父母需要及时鼓励孩子的恰当表现，而忽视那些负面的表现，也就是冷处理。等到孩子再大一些，可以教他一些管理情绪的方法来释放不良情绪，比如跑步等。这样，他们就可以练习调节和缓和自己的脾气，以恰当的方式来表达自己的情绪。

(资料来源：边玉芳，张瑞平. 儿童发展心理学［M］. 杭州：浙江教育出版社，2015.)

点评：每个孩子都有自己独特的气质，父母需要根据孩子的日常表现来判断自己孩子的气质类型，并根据气质类型选择合适的教养方式，没有最好的教养方式，只有最适合的。例如有些孩子比较害羞，就像案例中的小小一样，那么家长就不能太过着急地让孩子去表现，而是要慢慢引导，用一种让他们舒适的方式来教他们适应新环境。

第四节 依恋对象作为儿童探索的安全基地
——艾斯沃斯的儿童依恋类型

在儿童心理学中，依恋是指婴幼儿与其主要抚养者(通常是母亲)之间的一种特殊的情感联结。由于这种联结，他们对其抚养者特别亲近而不愿意离开，在与抚养者相互作用时感到安全愉悦，面临压力时会通过接近抚养者获取安慰。婴幼儿的依恋主要表现为一系列固定的行为倾向：如尽量亲近抚养者，尾随纠缠他们，与他们分离时感到焦虑等。我们往往发现：有的孩子与养护者在一起时显得特别轻松，有安全感；而有的孩子则显得很焦虑，对将要发生的事情感到没有把握。儿童心理学家认为，这反映了婴儿在依恋质量或安全性上的个体差异。

一、理论介绍

婴儿早期的依恋类型是通过不同的母婴互动关系形成的。艾斯沃斯根据她的研究将依恋划分为以下四种类型：

(一)安全型依恋(secure attachment)

婴儿把妈妈作为安全基地。分离时，他们可能哭，也可能不哭，但是，如果他们哭，是因为他们更愿意与妈妈而不是与陌生人待在一起。妈妈返回时，他们能积极地寻求接近，哭泣也立即停止。约65%的婴儿属于这种类型。

（二）回避型依恋（avoidant attachment）

这是一种非安全型依恋，妈妈在时婴儿似乎漠不关心，当她离开时，婴儿也不伤心，他们对陌生人的反应与对妈妈的反应相同。重聚时，他们回避妈妈，或者缓慢地走近妈妈，当被抱起时，他们常常并不愿靠近。约20%的婴儿属于这种类型。

（三）拒绝型依恋（resistant attachment）

这是一种非安全型依恋，分离前，这些婴儿寻求与妈妈的亲近，常常停止探索。妈妈离开时，他们会大哭，妈妈返回时，他们又表现出生气、拒绝行为，有时打、推妈妈。被抱起后，许多儿童继续哭，不容易被安抚。约10%~15%的婴儿属于这种类型。

（四）混乱型依恋（disorganized/disoriented attachment）

这种依恋模式反映了最大程度的不安全性。重聚时，这些婴儿表现出许多令人困惑的、相互矛盾的行为。例如，在被抱起或接近妈妈时表现出令人费解的、抑郁的情绪。一些婴儿与妈妈交流时表情茫然。一些婴儿在受到安抚后意外地哭起来，或表现出奇怪的冷冰冰态度。大约有5%~10%的儿童属于这种类型。

二、研究支持

一种广泛使用的测量1~2岁儿童依恋质量的实验室程序是陌生情境法（strange situation），让婴儿参与8个短情境，其中有很短的分离与重聚情境（见表7-2）。其设计者艾斯沃斯及她的同事认为，安全型依恋的儿童会把他们的父母作为安全基地探索陌生的游戏室；在父母离开时他们应该有分离焦虑，看到父母比看到陌生人更容易被安慰。在观察婴儿在这些步骤中的反应，研究者划分出一种安全型依恋和三种不安全的依恋，即安全型依恋、回避型依恋、拒绝型依恋和混乱型依恋。

表 7-2　　　　　　　　　　　**陌生情景法的实施步骤**

步骤事件	观察到的依恋行为
实验者把妈妈和婴儿带到游戏室，然后离开	
妈妈坐下，婴儿玩玩具	妈妈被当作安全基地
陌生人进来，坐下，与妈妈谈话	婴儿对陌生成人的反应
妈妈离开房间，陌生人对婴儿作出反应，如果婴儿哭泣，就进行安慰	分离焦虑
妈妈返回，问候婴儿，必要时进行安抚。陌生人离开房间	对重聚的反应
妈妈再次离开房间	分离焦虑
陌生人走进房间，安慰婴儿	被陌生人安抚的能力
妈妈回来，问候婴儿，必要时进行安抚，用玩具让婴儿高兴	对重聚的反应

💬 拓展阅读

成人依恋类型

哈赞和谢弗（Hazan & Shaver）要求成人阅读下面关于浪漫关系的描述，并指出哪一条最符合自己的情况。

A. 我与别人亲近时感到不舒服，我很难信任别人，不敢让自己依靠他们。当别人靠得太近时我会紧张。——回避型依恋

B. 我发现与别人亲密并不难，并能安心地依赖别人和让别人依赖我。我不担心会被抛弃，也不担心别人与我关系太亲密。——安全型依恋

C. 我发现别人不愿意像我想的那样亲近我，我总是担心我的伴侣并非真的爱我，并不是真的想和我在一起。我想和别人完全融合，但这种愿望总会把人吓跑。——拒绝型依恋

结果发现，成人依恋类型的分布情况与婴儿类似，约60%的成人认为自己是安全型，20%认为自己是回避型，20%认为自己是拒绝型。

儿童期的依恋类型影响成年后的亲密关系，当然，这并不意味着童年时没能建立安全的依恋，成年后就无法建立长期稳定的亲密关系。

三、理论应用

在婴儿的四种依恋类型中，安全型依恋是良好的、积极的依恋，其他三类不安全型依恋则被认为是消极的、不良的依恋。那么如何才能形成安全型依恋呢？可以从以下几方面出发：

(一)父母要承担起抚育子女的主要责任

不少父母由于工作需要或迫于生活压力等原因，无暇照顾子女，便将他们托付给长辈抚养。虽然隔代抚养解决了孩子的监护问题，但对孩子心理成长的影响却不容忽视。一些祖辈过于宠爱孩子，导致孩子出现种种不良状况。与母亲分离使得孩子在成长过程中得不到母亲的呵护和关爱，产生亲子隔阂，从而出现心理发展异常等问题。因此，父母要认真承担起抚育孩子的主要任务，因为这有助于他们形成安全依恋。

(二)父母要提高养育质量

敏感的养育(sensitive caregiving)——对婴儿做出迅速、一致、恰当的反应，温柔细心地抱着他们——与依恋安全型有中度的相关，相比之下，不安全依恋儿童的母亲一般跟孩子身体接触较少，笨拙地或敷衍了事地抱孩子，有时对孩子表现出生气、拒绝态度。安全型虽然取决于关注性的养

育，但不是一刻不停的和谐互动，相比于安全型依恋的婴儿，回避型依恋的婴儿通常接受了过多的刺激和干扰性的照料。例如，母亲可能在婴儿不注意听甚至快睡着的时候，还在不厌其烦地跟孩子说话。这些孩子似乎想通过回避母亲，逃避过多的交往。拒绝型婴儿常常受到不一致的照料，母亲对婴儿发出的信号不敏感，但是当婴儿开始探索环境时，却让婴儿关注自己，结果婴儿既形成了对母亲的依赖，又对母亲的不参与感到生气。

父母对孩子的养育并不仅仅是提供给孩子吃和穿，高质量的养育要求父母懂自己的孩子，了解他们，在孩子需要他们的时候及时给予回应，而当孩子独立探索时，放手鼓励孩子去做。

四、应用案例

小丘的父亲忙于工作，很少在家陪他，妈妈是家庭主妇，小丘从小由妈妈带大。由于天生体质较弱，妈妈对他特别爱护和娇惯，生怕他出什么意外，对他提出的要求更是百依百顺。父母怕他与同伴玩耍时出现意外或与同伴发生冲突，不让他与小朋友交往。妈妈总是把他关在家中，母子俩自个儿玩。

小丘 6 岁了还特别依赖妈妈，总是离不开妈妈，玩耍、睡觉都要妈妈陪着；只有妈妈在身边，他才感到安全。刚上小学时，他一走到教室门口，便抱着妈妈又哭又闹，死活不肯进去。上了一段时间的学后，情况才稍好些。如果妈妈陪在旁边，他还能高兴地玩，但不时要看看妈妈是否还在。如果妈妈趁其不备离开，他就一直哭闹，不吃点心，不与同学接触，不理老师，甚至用脚踢老师。

（资料来源：边玉芳，张瑞平．儿童发展心理学［M］．杭州：浙江教育出版社，2015.）

点评：提高养育质量不是一味地顺着孩子，不给孩子任何独立探索的机会。案例中的小丘父母就为我们提供了一个养育的反面案例，他们对孩子过于保护，导致小丘无法经历应有的独立探索，进而形成了不安全型依恋。真正的高质量养育要求父母关心孩子，了解孩子，并学会适当地放手。

第五节　重要发展里程碑
——情绪发展的过程

相信大多数父母都会发现，婴儿在很小的年龄就能表达种类繁多的情绪了(如：微笑、皱眉、大笑及哭泣等)。从出生到 8 岁期间，儿童的情绪技能有很大的进步，研究者把这些技能统称为情绪能力。一方面，幼儿获得了情绪理解能力，能够更好地表达情绪，并且对自己和他人的情绪做出恰当反应。另一方面，他们能更好地进行情绪自我调节，尤其是对强烈消极情绪的调节。这些情绪能力对发展良好的同伴关系和维持儿童整体心理健康具有重要作用。此外，幼儿更多地体验到自我意识的情感和共情，这有利于他们道德感的发展。表 7-3 是一个典型的情绪发展重要阶段简要列表。以这一概述为指导，接下来我们将探讨特定重要情绪的发展。

表 7-3　　　　　　　　**婴儿期和童年早期的情绪表达和理解**

年龄阶段	情绪发展特点
<1 个月	通过号哭来表达痛苦
1 个月	显露出一般性的痛苦；傍晚时分可能变得易怒
2 个月	显露出快乐情绪；在看到玩具时会有所表现；出现社会性微笑
3 个月	显露兴奋和无聊；时常咧嘴大笑；感到无聊时会哭；可能会表现出警惕和沮丧
4 个月	听到某些声音会大笑；哭相对减少；开心会咯咯地笑；开始表现出愤怒；开始识别他人的积极情绪，如愉悦
5 个月	通常表现得很欢乐，有时会沮丧，扭头避开不喜欢的事物，对镜子中自己的形象微笑；可能会开始对陌生人表现出戒备心

续表

年龄阶段	情绪发展特点
6个月	模仿他人的情绪，例如，母亲微笑和大笑时，婴儿也会做；可能会出现恐惧和愤怒
7个月	表现出恐惧和愤怒、蔑视、喜爱、羞怯
8个月	情绪表达更加个性化
9个月	在被限制时会表现出消极情绪；生气会皱眉；累的时候积极寻求别人的安慰；可能会出现夜间哭泣；大多数婴儿会表现出对陌生人的恐惧
10个月	显示出强烈的积极和消极情绪；偶尔会易怒
11个月	情绪更加多变；个人气质表现更为明显
12个月	别人哀伤时也会表现出哀伤；事情不如意时会哭；可能会出现嫉妒的早期迹象；为自己的聪明沾沾自喜；走路时会洋洋得意
15个月	情绪波动更加频繁；更关心同伴；手脏了会表现得很恼火；强烈偏好某些穿着；可能会很频繁地烦躁或哭泣，但持续时间通常很短暂
18个月	表现得躁动不安并很倔强，有时会发脾气，有时害羞；会用物体，如毯子或喜爱的毛绒玩具抚慰自己；嫉妒兄弟姐妹
21个月	会努力控制消极情绪；变得非常挑剔和严格；更努力去控制环境
2岁	可能会有点叛逆，但会适时懊悔；会对别人的情绪做出回应；情绪反应可能会非常激烈；面对改变可能不知所措；会因为梦而烦躁不安；开始认识到情绪表达规则；显示出非言语的内疚迹象
2.5岁	表现出羞愧、尴尬；内疚表达更加清晰；能够命名不同表情
3岁	表现出更多次级情绪，如骄傲、羞愧、尴尬、嫉妒；能识别初级情绪，如通过面部表情识别出快乐、悲伤、恐惧、愤怒等情绪
4岁	对情绪表达规则的理解和应用能力增强
5岁	学会分析情绪的外部成因
6岁	开始理解为什么两个或更多的表情能同时出现
7岁	认识到信念对情绪的影响
8岁	认识到人们具有多重、复杂、相反乃至矛盾的情绪

注：该表所列的为研究发现的大致发展趋势。每个儿童出现这些行为的年龄因人而异。

一、理论介绍

(一)情绪理解能力的发展

在对3~11岁孩子进行的研究中，保罗·哈里斯(Paul Harris，2004)等人将孩子对情绪的思考划分为三个阶段：

阶段一：孩子们开始理解情绪重要的"外在"方面，这一阶段的大多数孩子都能通过外在观察(面部)表情识别诸如快乐、悲伤、恐惧和愤怒等初级情绪，而且大多数5岁孩子能辨别这些情绪的外在诱因。

阶段二：孩子们开始理解情绪的"心理"特征。从7岁开始，绝大多数孩子都能理解：是个体的内心感受决定了表情的产生，而非环境；个体表露出的情绪状态和他们的真实体验可能存在不同。

阶段三：孩子们能够理解人们能从不同的角度对特定的情境进行不同的"解读"，从而体验到不同的感受，这些感受可以是同时的，也可以是相继的。从9岁开始，大部分孩子都能理解一个人可以拥有多重、混杂，甚至自相矛盾或模棱两可的情绪。

这三个阶段逐级递增，对前一个阶段的理解是下一个阶段出现的必要条件，表7-4概括了孩子们理解多重及冲突情绪的发展历程。

表7-4 **儿童对多重及冲突情绪的理解**

年龄阶段	儿童的理解
4~6岁	认为一次只能体验到一种情绪："你不可能在同一时间有两种体验存在。"
6~8岁	认为两种同类情绪体验能够同时出现："打出全垒打时，我会既高兴又自豪。""当妹妹把我的东西弄得一团糟时，我会很生气，并且要抓狂。"
8~9岁	认为可以同时针对不同情境做出两种情绪反应："我因为无所事事所以感到无聊，同时又因为受到母亲的惩罚而感到生气。"

续表

年龄阶段	儿童的理解
10 岁	认为当遇到不同事件或同一情境具有不同方面时，人们能同时感受到两种相反的情绪："我在学校里为下一场足球比赛担心，同时又很高兴数学得了 A。""哥哥打了我，我很生气，但我很高兴父亲让我打回来了。"
11～12 岁	认为同一件事能够诱发相反的情绪："很高兴我得到了一个礼物，同时又很失望，因为这个礼物不是我想要的。"

(二)情绪表达能力的发展

虽然婴儿无法用语言表述他们的情绪，但却可以通过一系列面部表情来表达他们情绪。举例来说，与社会接触时婴儿会露出感兴趣的表情，沮丧时他们就会展现出愤怒的表情。婴儿也会通过微笑和哭泣来表达自己的情绪。

1. 初级情绪的发展。

从很小开始，婴儿就体验到愉悦、恐惧、痛苦、愤怒、惊讶、悲伤、感兴趣和厌恶等初级情绪。这些情绪与诱发它们的事件直接相关，恐惧是对威胁的直接反应；痛苦是疼痛的直接结果；愉悦则通常源于和主要照顾者的互动。

愉悦。愉悦的主要表现是婴儿的微笑和笑声。他们通常有两种微笑，分别是自发性微笑(又称反射性微笑)和社会性微笑。

婴儿出生后的第一个月中会表现出自发性微笑，通常是无意识的，似乎取决于婴儿的内部状态，当他们受到身体内部刺激、获得食物或被他人抚摸面颊时就会出现这种微笑，通常当婴儿处于快速眼动睡眠时期或者非警觉的状态下会表现出来。这些笑容吸引了照看者的注意，因而对婴儿具有适应性价值。笑容有助于让照看者留在身边，因而成为了交流的方式和生存的保障。

在 3~8 周大的时候，婴儿不仅会因为内部状态而产生微笑，而且已经开始用微笑来回应面孔、声音、轻柔接触、轻柔刺激等外部刺激。

在 2~6 个月时，婴儿对人的兴趣尤为浓厚，外界刺激（尤其是照看者的面孔、声音、活动）能够稳定地诱发出婴儿的社会性微笑。

在 3 个月左右，相比于不熟悉的面孔，熟悉的面孔能够诱发出婴儿更多的微笑。这表明，微笑已经被用来表达愉悦感受，而不仅仅是由于情绪状态的唤起。

在 10 个月左右，婴儿会为母亲保留一种特殊的微笑，而很少将其展现给陌生人。这些特殊的微笑被称为杜式微笑（Duchenne smile），杜式微笑时不仅嘴角会上扬，眼角也会出现皱纹，使整个脸孔看起来似乎因为愉悦而容光焕发。

恐惧。婴儿出现的第二种初级情绪是恐惧。研究者已经界定了这种情绪出现的两个阶段。

第一阶段：从感兴趣到警惕不安（3~7 个月）。当婴儿遇到超出他们理解范围的事情时，他们就表现出了谨慎。在这一阶段之初，婴儿并不害怕面对陌生人，反而对此兴趣十足，通常他们用来观察陌生人的时间要比熟悉的人更长。在大约 5 个月的时候，感兴趣开始被冷静的凝视所代替。到 6 个月时，婴儿对陌生人反应冷淡，或许还会有些不安。在接下来的一个月左右，婴儿的不安程度会增加。

第二阶段：婴儿表现出真正的恐惧（7~9 个月）。面对不熟悉和不喜欢的人或事时他们马上会产生消极反应。当看到一个陌生人站在身边并看着自己时，婴儿可能会盯着他，啜泣，扭过头去，并开始嚎哭。

随着儿童理解能力的增强，所有的恐惧反应都会发生改变。通常而言，对物理事件的恐惧会减少，而认知解释的影响会增加。随年龄增长，儿童不再那么害怕分离及陌生人，而更害怕社会评价、拒绝和失败（见表 7-5）。长大的儿童会更多地从认知解释的角度对恐惧进行解读。

表 7-5　　　　　　　　　　引起儿童的恐惧的示例

年龄阶段	引起恐惧的刺激
0~1 岁	失去支持、巨大的噪声、意外、若隐若现的物体、陌生人、高度
1~2 岁	和父母分离、受伤、陌生人、沐浴(被水冲入下水道)
2~3 岁	和父母分离、动物尤其是大狗和昆虫、黑暗
3~6 岁	和父母分离、动物、黑暗、陌生人、人身伤害、想象中的怪物和幽灵、噩梦
6~10 岁	蛇、伤害、黑暗、孤独、盗贼、新环境(开始上学)
10~12 岁	同伴的负面评价、学业失败、雷电交加的暴风雨、嘲笑和尴尬、伤害、盗贼、死亡
青少年期	同伴的抛弃、学业失败、分手、离婚等家庭问题、战争和其他灾难、未来

愤怒。愤怒是另一种初级情绪。婴儿情绪研究的先驱卡罗尔·伊扎德认为，新生儿第一个消极情绪本质上并非愤怒，而是惊吓的表达(例如，对噪音的回应)、厌恶(例如，对苦味的回应)，以及痛苦(例如，对疼痛的回应)。直到 2~3 个月大的时候，婴儿才真正显露出愤怒的面部表情。

悲伤。悲伤也是对痛苦和挫折的反应，但是和愤怒相比，悲伤在婴儿期出现得很少。当父母与婴儿之间的交流破裂的时候，幼小的婴儿会变得悲伤。例如，一个经常回应的照看者对婴儿的友好表示停止回应。大一些的婴儿，和母亲或其他熟悉的照看者分离一段时间会导致悲伤。然而，悲伤并不仅仅是对这类事件的反应，还是一种引起成人照料和安慰的有效情绪信号，因而在促进婴儿生存方面具有重要进化意义。

2. 次级情绪的发展。

在生命的第二年，婴儿开始体验更复杂的次级情绪，包括自豪、羞耻、嫉妒、内疚和共情。这些社会情绪或自我意识情绪依赖于孩子们关注、谈论和思考自身与他人的联系的能力。这样的情绪在社会性发展中起到了很重要的作用：自豪和羞耻有助于塑造孩子对自身和他人的感觉；当孩子觉得其他孩子和他相比具有优势时就会表现出嫉妒；内疚驱动着孩子们去道歉；共情诱发了孩子们的亲社会行为。

自豪和羞耻。当孩子们对自身成就感到满意时，他们很可能会表现出自豪；当他们察觉到别人发现了自己的不足和缺点时，则很可能会表现出羞耻。孩子们通过低头、眼睛低垂、捂脸来表达羞耻。迈克尔·刘易斯（Michael Lewis，1992）等人发现，3 岁的孩子解决一个不是特别困难的问题会使其体验到快乐，但是成功解决一个困难任务会诱发出自豪。没能解决困难的任务则会引起悲伤，而简单任务的失败会诱发出羞耻。7 岁的孩子会用"自豪"来形容成就性结果的取得，而不管其是否源于自身努力；但10 岁大的孩子会认为，只有成就性结果是通过自身努力获得的，才值得其自豪。

嫉妒。嫉妒是一种常见的情绪。在童年早期，孩子们就会因为兄弟姐妹得到了父母更多的关注而产生嫉妒。在青春期时，朋友与一个十几岁的新恋人调情也会诱发嫉妒。事实上，甚至 1 岁大的孩子都会体验到嫉妒。嫉妒的表现方式也和年龄有关，年幼的孩子会表现出痛苦的表情，而年长的孩子则会生气或悲伤。

内疚。孩子同样能在很小的时候就体验到内疚感。研究者发现，当"不幸"发生时，22 个月大的孩子"看起来很内疚"，他们会皱眉、愣住或烦躁不安；而 33~56 个月的孩子基本不会表露出外显的消极情绪，但是内疚感会以一种更微妙的方式流露出来，比如，他们会辗转不安，并且垂着头。虽然很小的孩子能够体验到内疚，但是距离理解和谈论内疚相差甚远。6 岁的孩子会为他们无法掌握的结果感到内疚："我无意猛撞到了我的兄弟致使他鼻血横流，我很内疚。"9 岁的孩子能理解这种情绪及其与个人责任感之间的关系，认为感到内疚的条件是自己对不良结果负有责任："当因为我的懒惰而没有交作业时，我会感到内疚。"

共情。共情是对他人情绪状态的一种情绪反应，这种情绪往往是痛苦的。共情包括分享并理解他人的情绪，它常常被描述成设身处地地体验别人的（情绪）感受。表 7-6 详细描述了儿童共情发展的几个关键阶段及其对应的发展特征。

表 7-6 儿童共情发展特点

年龄阶段	共情发展特点
新生儿	共情的最早表现是新生儿以啼哭作为对其他婴儿哭声的回应，马丁·霍夫曼（Martin Hoffman）将这种反应称为"初步的移情反应"
1 岁左右	从这个年纪开始，婴儿展现出第二种反应，即霍夫曼所谓的"自我中心的移情痛苦"。婴儿开始发展出独立的自我意识，因此，对他人痛苦的回应只是为了让自己感觉更好。通常，在别的孩子哭泣时，他们会变得焦躁不安或哭泣，但他们不会努力去帮助哭泣的孩子
13~18 个月	在 13 或 14 个月大时，他们通常会接近并安慰处于痛苦中的孩子。当孩子约 18 个月时，他们不仅仅会接近痛苦的人，还会提供各种特殊的帮助，马丁·霍夫曼称这种程度为"准自我中心的移情痛苦"，因为这些小孩还是不能区分自己和他人的感受
2 岁左右	在 2 岁时，学步儿开始对他人产生共情，他们会试图去安慰对方，而不是只顾自己
接近 3 岁	孩子已经能够理解他人的感受和观点与自己的不同，并且越来越注意他人的感受，这个阶段被称为"真正的移情痛苦"，孩子们能对他人的痛苦做出恰当反应，而不再以自我为中心

痛苦的共情具有发展性的提高。年幼的孩子只对身边痛苦的人表现出共情反应，在童年中后期，他们能对别人的一般状况表现出共情，青少年会对遭遇困难的群体产生共情，认知能力的提高让年长的儿童和青少年能够理解不幸群体的困境并报以共情。

总的来说，幼儿的情绪理解与表达能力令人刮目相看：

学前早期：能够解释、预测、改变他人的感受。儿童能说出情绪的起因、结果和行为表现。随着年龄的增长，他们对情绪的理解越来越准确和复杂。幼儿还能预测游戏伙伴表现出特定情绪之后会有什么行为反应，例如，4岁的儿童知道，生气的小孩可能会打人，高兴的小孩更可能与别人一起分享东西。他们甚至能用有效的方式来缓解他人的消极情绪，如给人一个拥抱，使他不再那么悲伤。

8~12岁：儿童表现出了对于情绪表达的进一步学习。学龄儿童逐渐知道了不能总是通过表达最强烈的情感来达到他们的目的，因此他们不再像以前那样直接而明显地表达出自己的情绪。同时，为了避免同龄人排斥，儿童将面对要减少某些情绪表达的挑战，比如愤怒、幸灾乐祸、嫉妒。年龄再大一些的孩子会使用更加复杂的情绪，并根据他们交流的对象和场合进行有区别的情绪表达。

从儿童到成年期：逐渐抑制情绪表达。Dougherty(1996)等人提出，社会化和文化惯例倾向于在人们逐渐年长时压抑他们的情感表达。当儿童发展到成年期时，情感的表达是可以被完全抑制的，除非在一些极端的或是突发性危机的情况下，情感表达才非常难以抑制。

(三)情绪调节能力的发展

情绪调节是指当情感信号被传递时，个体是怎样控制和调节他们的行为和感觉的(Pollack & Wismer Fries，2001)。Bandura(1999)的研究发现，与那些容易受自己感情支配的人相比，尝试控制情绪的人能够更成功地进行自我监管。可以看出，情绪调节能力在我们的整个生命历程中举足轻重。

我们对情绪的体验和调节从婴儿期就开始了，随着最初的照料者用安慰来缓解悲伤时，婴儿就知道情绪是能够被调节的，也逐渐学会了这种调节如何产生。

随着年龄的增长，幼儿的认知水平不断发展，他们也能够更好地调节自己的情绪。Denham(2002)等人的研究表明，情绪调节对于在上幼儿园的孩子十分重要，他们在逐渐复杂的社交环境中逐渐学会从情感上(如停止感到愤怒)、认知上(如通过说服自己并没有什么值得生气的，或集中精力在不会引起他们愤怒的事情上)、行动上(如通过笑来让他们感到没那么愤怒)调节自己的情绪。此外，语言有助于增强幼儿的情绪自我调节能力。到3~4岁时，儿童就能说出好几种方法，来把情绪调节到更舒适的状态。并且3岁时能采用分心策略应对挫折的孩子，在进入学校后会更富合作精神，问题行为也较少。

与学龄前儿童相比，小学生会更多地从认知和行为角度来调节情绪，并且能够综合使用方案，选择最适用于特殊情境下的方案。到青少年时期，情绪调节体现出重要的内心价值。青少年需要尝试着解决所面对的成年的各种挑战，而成功地调节情绪往往会使他们感知到处理自身情感状态的自我效能感，对于他们的身心发展格外重要。

二、理论应用

儿童的喜怒哀乐真实而强烈，往往直接支配着他们的行为。一件在成人看来无足轻重的小事，可能引发孩子十分强烈的情绪波动。那么怎样做才能够使孩子情绪稳定、健康地发展呢？可以从以下几个方面出发：

(一)引导孩子合理宣泄情绪

当孩子遇到冲突和挫折时，家长可以尽量避免孩子将注意力集中在引起冲突或挫折的情境之中，善用转移的心理防御机制，引导他们尽快地转移注意力，投入自己感兴趣的活动中。例如，孩子为了玩玩具而与其他孩子发生争执，可让他到室外去踢一会儿球，在剧烈运动中将积累的情绪能量发散到其他地方。

(二)化身孩子倾诉的对象

家长要引导孩子在遇到挫折时将事由或心中的感受告诉他人，以寻得理解、安慰和支持。孩子对成人有很强的依赖性，成人对孩子表现出的关爱或宽慰会缓解甚至清除孩子的心理紧张和情绪不安。因此，当孩子主动倾诉时，家长应该耐心地听完再与孩子细作理论。

（三）为孩子树立榜样，营造轻松愉快的环境与氛围

良好的生活环境，无压抑感、充满激励的氛围，可以使幼儿感到安全和愉快。为此，父母首先要调节好自己的情绪，保持自身情绪积极稳定，并尽可能地为幼儿创造良好的生活环境，使孩子在生活中感受到轻松愉快。

☑ 章末总结与延伸

一、提炼核心

1. 情绪的认知评价理论，又称认知—评估理论、评估—兴奋学说，是由美国心理学家阿诺德于20世纪50年代提出的，后由拉扎鲁斯进一步扩展。阿诺德认为，情绪产生的基本过程是刺激情境——评价——情绪。同一刺激情境，评价不同，所产生的情绪反应也不同。拉扎鲁斯在阿诺德的基础上把评价进一步扩展为三个层次：初评价、次评价和再评价。拉扎鲁斯认为，情绪是人与环境相互作用的产物，情绪活动必须有认知活动的指导。原琳等人对41名大学生的实验研究证明认知评价能够影响个体的主观情绪体验，支持了阿诺德和拉扎鲁斯的观点。

2. 情绪理解是指儿童理解情绪的原因和结果的能力，以及应用这些信息对自我和他人产生适当情绪反应的能力，其包含的内容有表情识别、对情绪情境的识别、对混合情绪的理解、对情绪表达规则的认识。克林勒特等人指出表情识别的发展分为四个水平：（1）水平1，无面部知觉（0~2个月）；（2）水平2，不具备情绪理解的面部知觉（2~5个月）；（3）水平3，对表情意义的情绪反应（5~7个月）；（4）水平4在因果关系参照中应用表情信号（7~10个月）。唐纳德森等认为儿童理解冲突情绪的能力分为四个水平，并呈现出系列化的发展模式。此外，研究发现大约从3岁开始，儿

童能够对情绪产生的原因进行解释和评价，并能将情绪与情绪引发情境相联系。国内外学者的研究结果支持情绪理解的发展特点。

3. 托马斯将婴儿的气质划分为以下三类：（1）容易型。这类儿童的饮食、睡眠习惯等有规律，比较活跃，容易适应新环境，容易接受新事物和不熟悉的人，他们一般心情愉快、求知欲强；（2）困难型。这类儿童突出的特点是生理节律混乱，饮食、睡眠等缺乏规律。平时不太友好，情绪不稳定，对新生活很难适应，主导情绪消极、紧张，容易分心；（3）迟缓型。这类儿童平时活动时不易兴奋，相对来说不怎么活跃，反应强度比较弱，情绪比较消极，表现为安静和退缩，对环境的改变适应较慢。不同气质类型的儿童表现出不同的性格特点，因此要采用与气质类型相匹配的教育方式。托马斯、切斯和伯奇的追踪研究因其科学性较强，代表了迄今为止较高的研究水平。

4. 艾斯沃斯将婴儿早期的依恋类型分为以下四种：（1）安全型依恋。婴儿把妈妈作为安全基地，分离时，他们可能哭，也可能不哭。妈妈返回时，他们能积极地寻求接近；（2）回避型依恋。妈妈在时婴儿似乎漠不关心，当她离开时，婴儿也不伤心。重聚时，他们回避妈妈，当被抱起时，他们常常并不愿靠近；（3）拒绝型依恋。分离前，这些婴儿寻求与妈妈的亲近，常常停止探索。妈妈离开时，他们会大哭，妈妈返回时，他们又表现出生气、拒绝行为；（4）混乱型依恋。重聚时，这些婴儿表现出许多困惑的、相互矛盾的行为。一些婴儿在受到安慰后意外地哭起来，或表现出奇怪的冷冰冰态度。艾斯沃斯及她的同事通过陌生情境法观察儿童，划分出一种安全的依恋和三种不安全的依恋。

二、教师贴士

（一）提高情绪理解能力

1. 促进儿童的同伴互动，培养共情能力。教师可以引导学生在同伴互动与游戏中学会情绪的理解和表达，培养学生的共情能力。一方面，教师可以帮助学生在真实的互动情境中学会表达自己的情绪，感知他人的情绪并学会与他人互动；另一方面，教师可以通过组织心理剧或教育戏剧等形式营造冲突情境，诱发强烈的情感体验，培养学生的共情能力。

2. 关注家庭因素，开展家校合作。父母教养方式和家庭氛围能够影响学生的情绪理解水平。教师可以通过家长讲座、开展亲子情绪谈话技术培训等形式提供关于发展儿童情绪理解发展的知识和策略，提升家长对学生情绪发展的关注意识。

(二)对不同气质类型儿童采取不同的教育措施

1. 安全型依恋的儿童在适应环境、探索新奇事物方面表现较好。面对这类儿童，可采取转移注意法或表扬鼓励的方法，尽可能为他们提供创设自由宽松的环境。用积极鼓励的语言与幼儿交流，多鼓励孩子正确的行为，以帮助孩子和教师、同伴之间建立情感联系。

2. 困难型儿童的分离焦虑程度较高，教师要投入相当大的关注和耐心，重点放在满足他们情感的需求上，教师要注意对幼儿的个别关怀，经常抱抱他们，爱抚他们，和他们进行交流，尽早与幼儿建立依恋关系。

3. 迟缓型依恋的儿童焦虑程度不高，他们因为表现"平静"而很容易被教师所忽视，教师要注意与这些孩子建立起合作关系，目标不是帮助他们变得独立，而是要让他们变得适当"依赖"成人。教师要与幼儿多进行语言和眼神等情感交流，鼓励他们积极参加集体的各种活动，引导他们进行主动探索，创造条件引导他们与老师和同伴沟通和交往，更好地融入集体中。

(三)评价儿童时要采用积极的眼光

1. 教师要及时跳出传统的思维定势，对学生进行重新"定义"。不可否认，有些学生学习成绩的确很差，但并不代表他在其他方面一无所长。教师应多加观察，发掘学生的特长，让每个孩子都成为最好的自己。

2. 教师要学会正视孩子的缺点，正确认识孩子的这些不足，而不是一味地挑剔、埋怨或强行修正。在查找孩子问题的同时，正确审视自我，及时查找自己教育理念的偏差，进而及时修正自己的育人思路与育人方式和方法。让学生在充满和谐的气氛中进行自我反思、自我反省、自我修正，从而自觉主动地改正缺点、错误。

3. 教师在教学过程中应该多一些柔和的表扬，少一些生硬的批评。教师就是要从孩子学习和生活的细微之处发现并挖掘孩子的"闪光点"，当他们取得点滴成绩时，教师也要及时地给予表扬和鼓励，激励其不断进步。

三、家庭应用

（一）积极配合学校开展情绪理解能力培养的教育活动

学生家长要积极参与学校开展的提升儿童情绪理解能力方面的教学活动，关注儿童的情绪发展。此外，要主动学习家庭教育的相关知识，采用权威型或民主型的家庭教养方式，在与孩子互动的过程中注重情绪引导。

（二）对不同气质类型的儿童采用良好匹配的教养方式

1. 容易型孩子通常不轻易心怀抱怨，而是习惯性地承受和忍耐着，因此对这种气质的孩子，家长应给予更细致的关怀，即使孩子没有表露出特别的情绪，作为父母也应该经常主动问及孩子的情绪，通过这种方式积极疏导孩子的情绪。

2. 困难型儿童的家长不要刻意压抑孩子的天性，而要用肯定和欣赏的态度，积极地开发他们的特性。家长要对这类孩子给予适度的安抚和理解，凡事多让他们自己判断孰是孰非。

3. 家长应该了解迟缓型孩子的特性，努力做到取长补短，帮助孩子走向成功。无论任何情况，家长都不应该放弃对迟缓型儿童的教育或者否定他们。当尝试与孩子进行情绪共享时，应该不懈地坚持和努力。

（三）家长要与孩子建立安全型依恋关系

1. 父母要提升抚养质量。父母要科学地对待孩子的需求，充分地尊重孩子、关心孩子、宽容孩子，耐心、细心地对待孩子，从而使得孩子感受到被呵护、被关心、被温暖，进而更加信任父母，获得充足的安全感。此外，父母要对自身的态度与行为进行科学的调整，要尽可能地满足孩子的合理需求，提升抚养质量，从而更好地构建亲子依恋关系。

2. 创造和孩子共处的机会。父母要尽量创造更多与孩子共同相处的机会，能够主动地关心孩子、尊重孩子。家长要花时间和孩子共同做游戏、讲故事、比赛等，以便更好地了解和互动，增进彼此的感情。通过亲子交往能够帮助孩子感受到更多的快乐和愉悦，使其可以和父母建立稳定、安全的亲子依恋关系。除此以外，父母也要有目的、有针对性地创造一些父母暂时离场的机会，这样才能够引导孩子主动地对环境进行探索。

3. 充分顺应孩子的发展特点。相关调查研究结果表明，6 个月~3 岁是儿童形成并且发展依恋的重要时期。父母要紧紧地抓住这个重要时期，全面地了解孩子的气质特点，并基于此努力地培养良好的亲子依恋关系。

4. 营造良好的家庭环境。为了促进孩子的健康成长，家长要为孩子营造出良好的家庭环境。要确保家庭环境的宽松与稳定，保证家庭人际关系的和谐，维护家庭成员彼此间的平等、互助、尊重关系。父母要以良好的心态、健康的性格、良好的个人修养来影响孩子，为孩子树立榜样，营造出良好的家庭氛围。

四、实践练习

1. 在日常学习过程中，心理健康教师要养成表扬与鼓励学生的习惯。对儿童的进步以及成功都应该给予赞赏，以增强孩子的成就感和自信心。

2. 家长可以和孩子一起，确定在家里的某个地方，一起设计"情绪角"，给孩子表达情绪的空间。还可以在指定的地方做一个情绪收集箱，孩子可以每天将自己的情绪写好或画好放进去，这样孩子既能将自己不想说的情绪表达出来，也可以让家长去了解孩子日常的情绪。

第八章　儿童自我发展

如果问你"你是一个怎么样的人"，你会如何回答？和大多数成年人一样，也许你会提及自己的一些显著的个人特征(诚实、友善)、生活中充当的角色(学生、医院志愿者)、宗教信仰、道德观念或政治倾向，而心理学家将这一难以捉摸的概念称为自我。自我(或自我意识)是一个动力系统，由知、情、意三方面构成。"知"即自我认识，包括自我概念和自我评价等；"情"即自我的情绪体验，包括自我感受、自尊等；"意"即自我控制，包括自我控制和自我调节等。

在人生的不同阶段，每个人对自己的认识有什么特点吗？或者说，自我意识是如何随着年龄发展的？在本章的开始部分将会通过婴儿期到青春期自我认识的发展来讨论这个问题。接下来我们会关注儿童和青少年的自我体验，即自尊心的建立。我们还将关注儿童自我意识中"意"的方面，即自我控制的发展。最后，我们还将探讨青少年发展中所要面临的一个重要挑战。他们需要建立一种稳定的、面向未来的自我认同感，从而有利于他们成为有责任感的成年人。

第一节　由表及里，由分化到一致
——儿童自我认识的发展

当你问孩子"你是谁？你是一个怎么样的人"，在不同的年龄阶段你会得到不一样的回答：在童年早期，他们可能会说"我叫小红，我 5 岁了，我有很多很多玩具"；到了童年中期，他们会说"我喜欢运动，我喜欢吃，我还喜欢上学"；到了童年晚期，他们会回答"我是个女孩(男孩)，我很诚实，成绩马马虎虎，但是我游泳很不错"；到了青春期，他们会说"我是独一无二的，我是双鱼座，我的情绪比较容易波动，还有点优柔寡断……"

从这些描述中，我们可以看到从儿童期到青春期，孩子的自我认识变得更加心理化，更加抽象化，也更加完整一致。那么具体每个阶段的自我认识都有哪些特点呢？

一、理论介绍

(一)儿童早期的自我认识

幼儿自我认识主要有五个特点：

1. 自我、心理和身体的混淆。幼儿通常把自我、心理和身体相混淆。大部分幼儿认为自我是身体的一部分，常常是头部。对他们来说，可以从许多物理维度来描述自我，如大小、形状和颜色。

2. 具体的描述。学龄前儿童用具体的词语思考和定义自己，主要是可以观察到的具体特征如名字、外貌，以及日常行为。

3. 物质性描述。幼儿也通过许多身体和物质上的属性区分自己和他人。4岁的炜炜说："我和林林不一样，因为我比较高；我和我姐姐不一样，因为我有辆自行车。"

4. 动态描述。例如，学龄前儿童通常会使用与活动相关的词描述自己，比如玩耍。

5. 不现实的积极高估。幼儿会说"我知道自己的一切"，但事实上并不真正知道；或者会说"我从不害怕"，但实际上并非真的如此。

(二)儿童中晚期的自我认识

在儿童中晚期，儿童的自我评价变得更加复杂。随着儿童的成长，他们能够逐渐地将自己的内心世界与外部行为、短期行为与长期行为整合起来，从而能够认识到自己身上一些稳定的特点。有五个主要的变化标志着复杂性的增加：

1. 内在特质。在儿童中晚期，儿童转而使用内在特质的词汇定义自己。他们已可以区分内部特质与外部状态（state），在定义自我时，比幼儿更多地使用包含主观内部特质的词汇。例如，10 岁的莉莉这样描述自己："当我在学校表现好时，我也会感到很自豪。"

2. 社会性描述。在儿童中晚期，儿童开始在自我描述中涉及社会的方面，如提到社会组织。例如，儿童会把自己描述为少先队员或有两个亲密朋友的人。

3. 社会比较。在儿童中晚期，儿童更喜欢用比较的词语来区分自己和他人。也就是说，小学生更多地以"和别人比我能做什么"的方式来考虑自己能做的事。

4. 真实自我和理想自我。在儿童中晚期，儿童开始区分真实的自我和理想的自我，表明他们认识到了自己已经拥有的能力与渴望拥有的能力、自己已经拥有的能力与他们认为最为重要的能力是不同的。

5. 现实性。在儿童中晚期，儿童的自我评价变得更加现实。

（三）青春期的自我认识

该阶段是自我认识发展的一个重要时期，实现由"客观化期"到"主观化期"的过渡。青少年的自我认识具有以下一些特点：

1. 抽象化与理想化。在描述自己的时候，青少年比儿童更多地使用抽象和理想化的标签。如，14 岁的明明对自己的描述是："我是个普通人。我优柔寡断。我不知道我是谁。"

2. 自我关注。青少年比儿童有更多的自我关注，这种自我关注反映了青少年的自我中心主义。

3. 自我内部的矛盾。随着青少年开始在不同的关系背景下将自我的概念区分成不同的角色，他们感到在不同自我之间存在显著的矛盾。青少年可能会这样描述自己："我虽情绪波动较大但也善解人意，虽长得不好看却很有吸引力，很无趣也很好奇，关心别人却也不总那么在乎，内向但喜欢热闹。"

4. 波动的自我。青少年的自我认识在不同情境和不同时间会发生波动。通常直到青春期晚期甚至成年早期，在建立起一个更为完善的自我理论之前，青少年的自我都表现出持续变化的特点。

5. 真实自我和理想自我。作为真实自我的补充，青少年逐渐发展起建构理想自我的能力。青少年的理想自我既包括他们希望成为什么样的人，也包括他们害怕自己变成怎样的人。未来的积极自我特征(进入好的大学、得到赞赏、拥有成功的职业生涯)能够对未来的积极状态起引导作用；未来的消极自我特征(失业、孤单、没进入好大学)可以指明应该避免哪些情况。

二、研究支持

哈特和蒙索尔(Harter & Monsour，1992)探索了儿童自我认同的一致性，他们要 13、15、17 岁的个体提供和父母、朋友、恋人、教师及同学在一起时的自我描述，然后要求他们整理这 4 类描述，从中选出不一致的地方，并指出给他们造成混淆和不安的程度。在图 8-1 中可以看到，13 岁的个体报告的不一致之处很少，即使有不一致也没有给他们带来多大困扰。相反，15 岁的个体则列举出很多相反特征并为之困扰。一个 15 岁的个体在谈到她和朋友在一起时的快乐和回到家后的郁闷时说道："我真的认为我应该快乐——我也愿意那样，因为我觉得那才是真的我，但是和家里人在一起就让我烦。"这些 15 岁的个体似乎觉得有几个不同的自我，想要寻求"真实的我"。有意思的是，因为自我形象不一致而极为苦闷的青少年，常常为了改进其形象或者获得父母和同辈赞许，而做出违背自己个性的虚假自我行为。不幸的是，那些最喜欢使用虚假自我行为的个体对其真实自我最没有信心。

对那些稍微年长的青少年，自我形象不一致造成的困扰就要轻一些，他们能在更高的层次上对其加以整合，更容易以连贯的方式看待自己。例如，一个 17 岁的男孩会认为，平时的轻松自信和初次约会造成的紧张并不矛盾，同样用喜怒无常可以解释有时和朋友在一起很快乐有时又很烦躁。哈特和蒙索尔相信认知发展影响了自我知觉的改变，特别是形式运算能力的发展，即能分辨出像快乐和烦躁这样的抽象特质并最终将其整合到像喜怒无常这样更广泛的概念中。

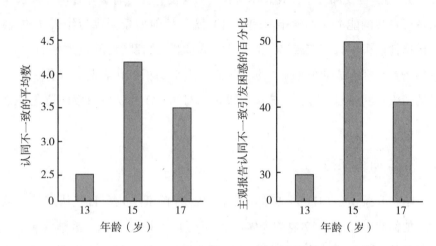

图 8-1　13、15、17 岁个体报告中存在认同不一致的平均数（左图）；
13、15、17 岁个体报告中因为存在不一致而感到困惑的百分比（右图）

总之，从儿童期到青春期，个体的自我概念变得更加心理化、更加抽象化，也更加完整一致。青少年变成了经验丰富的自我理论家，对其人格能真正加以理解和反省。

三、理论应用

自我认识是自我意识的重要方面，帮助儿童形成全面、统一的自我认识对儿童自我的发展有重要意义，教养者可以从以下几个方面来帮助儿童：

（一）不要轻易地消极评价孩子

自我认识的内容变化是认知能力和他人反馈的综合产物，认知能力的发展是受到年龄限制的，但是家长、教师可以通过反馈提供给孩子更多的关于他自己的信息。通过儿童自己获取到的自我认识是有限的，而在与成人的交流和相处过程中，他们会获得很多关于自我的信息，他们会将从他人那里获得的对自己的看法整合到自我定义中去，内化他人的期望，从而对自己有更丰富的了解。这就提示成人在评价儿童时需要谨慎，不能太极端，也不能伤害到孩子，例如有些家长常常会对孩子说"你怎么那么笨啊"，在家长看来这只是一句气话，但对孩子而言，这可能就定义了他们的自我，他们会认为自己笨，别人也不喜欢自己，从而变得自卑。由此可见消极评价对儿童的伤害有多大，因此家长不能因为孩子一时的淘气或是失误就对孩子做出消极评价，要做到对事不对人。

（二）给予孩子多方面的评价

成人的反馈是儿童了解自我的重要途径，儿童早期，由于他们思维的集中化，往往使得他们对自己的认识是片面的，只能看到一个方面，这就需要成人给予孩子多方面的评价，让他们知道自己有哪些积极的特质和哪些消极的特质，在哪方面做得好而在哪方面还有待加强，避免他们对自己形成太过极端的认识，只看到自己的优点或缺点。同时也可以减轻未来更多的外界反馈所造成的对自我认识的混乱。

💬 拓展阅读

文化对自我认识的影响

一项研究（Cousins，1989）发现，美国和日本青年对"我是什么样的人"的回答，可以很清楚地表现出自我认识的性质和内容在文化间的差异。该问卷首先要求从私人/个体特征（如："我很坦率""我很聪明"）和社会/关系特征（如："我是个学生""我是个好儿子"）维度对自己评分。然后要求他们在以上的回答中标记出在他们自我概念中哪些是最核心的自我描述。

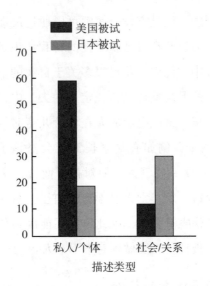

图 8-2 日本个体和美国个体自我认识核心维度中私人/个体和社会/
关系特征所占百分比

这项研究的结果很清楚。如图 8-2 所示，美国学生自我概念的核心大部分是私人/个体特征(59%)，而在日本学生的核心自我概念中这类特征仅占到 19%。与之对应，日本学生比美国学生更愿意把社会/关系特征列为自我概念中最重要的成分。从发展趋势看，在日本和中国，以个体特征对人加以划分的倾向，青春后期的个体较青春期前的个体有所降低，而在美国这种倾向却会随年龄增加而加强。由此可见，个体所处文化的传统价值和信念对其自我认识形成有很大影响。

第二节 保护儿童的自尊心
——儿童自我体验的发展

自我体验是自我意识的情感成分，反映个体对自己所持的态度，主要涉及"我是否满意自己或悦纳自我"等问题，包括自我感受、自尊、自卑等方面。其中，自尊是自我体验中最主要的方面。本节将介绍哈特的自尊结构及其发展，从而对儿童自尊有更深入的了解。

一、理论介绍

自尊(self esteem)指的是自我所作出的对自己的价值判断，以及由这种判断所引起的情感。对自我的价值评判(或称自我价值感)影响着个体的情绪体验、行为表现及长期的心理适应，因而自尊是自我发展最重要的方面之一。很多幼儿都有很强的自尊。但是当儿童进入学校、听到更多有关自己与同伴相比较的信息时，自尊会产生分化并调整到一个更现实的水平。

(一)具有层级结构的自尊

哈特(Harter，1982；1986)让儿童对自我的许多方面做等级判断，如"我喜欢上学""同学们都很喜欢我"等。他的研究发现学前儿童至少可以区分出两个方面的自尊，社会接受(自己受欢迎的程度)和能力(自己擅长做什么，不擅长做什么)。到6~7岁的时候儿童至少形成了三个方面的自尊：学业自尊、身体自尊、社会自尊。随着儿童的成长，这三个方面又会不断细化，形成一个层级结构(见图8-3)。

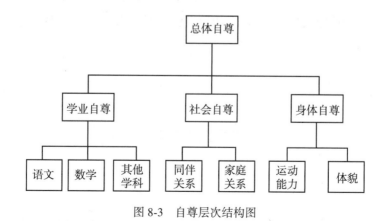

图8-3　自尊层次结构图

层级结构中不同方面的评判对于总体自尊而言并不具有相同重要的意义。某些自己比较重视的方面，对于总体自尊有更大的影响，如有的儿童重视学校中的成绩，有的则重视父母对自己的评价。

学业自尊预示着儿童认为学校课程的重要性、有用性和有趣性，还预示着他们努力的愿望，以及他们在这些课程上的成绩。有着较高社会自尊的儿童通常受到同学们的喜爱。此外，不论年龄、性别、社会经济地位、种族群体如何，有着较高自尊的个体倾向于能更好地调节、善于交际以及尽心尽责。相反，在各个方面表现出低自尊，与焦虑、抑郁、反社会行为相联系。

随着青春期的到来，自尊的层级结构中又出现了亲密朋友、异性吸引力、工作能力等新的维度。这反映了这一时期青少年对这些问题的关心。

（二）自尊水平的变化

儿童的自尊整体来看具有较高的稳定性，但也经历了一些波动。在儿童由幼儿园入小学、由小学入初中、由初中升高中时自尊水平都有较大的降低。出现这种现象的原因可能是，一方面儿童到新环境中会面临新的要求和挑战，会出现一段时间的适应困难期，从而影响了儿童对自我的真实认知能力的评价。另一方面，新的环境中儿童要面临新的社会比较对象，这也会使儿童的自我意象出现一段时间的不稳定，从而造成自尊水平的下降。随着他们能评价不同的优点和缺点，个体的自尊从儿童期到青春期变得越来越稳定。

💬 拓展阅读

自尊的影响因素

一、文化

文化对自尊有深远影响。与北美儿童相比，中国和日本儿童的学习成绩较高但自尊分数却较低，这种差异随年龄增长逐渐扩大，学校中特别重视社会比较，也许是一个原因（Hawkins，1994；Twenge & Crocker，2002）。在亚洲的学校里，竞争激烈，成绩的压力很大。同时，由于他们的文化注重社会和谐，所以亚洲儿童在积极评价自己方面有保留，但对别人的表扬却很慷慨。

二、儿童教养行为

权威型的父母鼓励孩子独立，同时也会有一些限制和控制；他们倾听孩子观点，鼓励孩子参与家庭决策，在这种教养方式下成长的儿童，其自我感觉较好。因为这种教养方式让儿童知道，他们是有能力、有价值的，是被接纳的。严格而恰当的期望，加之充分的说理，有助于儿童根据合理的标准评价自己的行为。

控制型的父母过多地帮助甚至代替孩子做决策，传递给儿童一种与低自尊有关的无能感，父母的反复否定和贬损也会如此。相反，过于放纵的教养与脱离实际的高自尊相关，因而阻碍发展。这些儿童往往激烈地反击那些对他们膨胀的自我意象的挑战，并且存在适应问题，包括吝啬和攻击。

三、成就归因

归因是我们对行为原因的解释，也就是对"为什么我（或另一个人）会那样做"之类问题的回答。常见的归因对象包括能力、努力、运气和环境。个体对成就或失败的归因将会影响他的情绪、自尊以及从事活动的持续性等。研究发现，学业自尊和动机都高的儿童会掌握定向归因（mastery-oriented attribution），把他们的成功归为能力，它可以通过努力来获得，并且可以凭借它来面对新挑战。他们把失败归为可以改变和控制的因素，比如努力不够或任务太难。所以这些儿童无论成败，都会对学习采取勤奋、持久的态度。

相反，形成习得性无助（learned helplessness）的儿童把他们的失败而不是成功归为能力。成功的时候，他们认为是外因(运气)在起作用。与掌握定向的同伴不同，他们认为能力是固定不变的，不能通过努力发生变化。如果任务很难，这些儿童会体验一种失去控制的焦虑，用埃里克森的话来说，是一种弥漫的自卑感。他们的自尊也会不断地降低。

二、理论应用

研究发现，积极的自我评价可以预测未来的生活品质，而低自尊的前景堪忧，提升低自尊儿童和青少年的自我评价项目显著改善了这些被试的个人适应力和学习成绩。虽然说过高的自尊对一些儿童来说也有着不好的方面，但是对于那些低自尊的儿童来说，帮助他们提高自尊对他们的学习和生活还是有很大的帮助的。下面就为提高低自尊儿童的自尊提供了一些建议：

(一)帮助儿童找到自己的优势

哈特的自尊层级模型认为个体的自尊可以不断地分化，从总体自尊分化为学业、社会和身体自尊，继而随着儿童的成长又不断地细化。这些细化的自尊在儿童心中的重要性也不同，有些儿童可能过分看重某些方面，而这些方面恰巧是自己所不擅长的，在这些方面的失败往往会打击儿童的自尊心，使他们的自尊逐渐降低。这时候就需要家长适当的引导，发现孩子身上的闪光点，让孩子知道自己的优势，并从这些方面来获得自信和自尊。

(二)提供权威型的教养方式

父母的教养方式在很大程度上会影响儿童的自尊，独裁型的家长只顾发布命令，让孩子遵从，而不去倾听孩子的想法，也不让他们自主地去参加一些积极的活动，这样是非常不利于提高儿童自尊的。相比之下，权威型的父母则更懂得如何提高儿童的自尊，他们虽然也会有一些控制和要求，但是他们会鼓励孩子去探索，倾听孩子的想法，并让孩子也参与家庭的决策，这样孩子就会在父母一次次的认可和信任中了解自己的能力，提高自尊。

（三）引导儿童学会正确归因

很多时候儿童的低自尊来自于他们消极的归因方式：他们将自己的成功归因于运气，不认可自己的能力，而将失败归因于能力，认为自己低能，长此以往就会形成习得性无助，即认为自己没有能力，什么事情都做不成。这种情况下，家长有必要对孩子进行归因训练，让孩子相信成功代表了他的能力，而失败则是因为不够努力或是因为运气这些外在因素，并不能否定他的能力，而且家长也应该使孩子相信能力不是固定的，而是会随着他的努力而逐渐增长的，因此，不管遇到什么挫折都不应该放弃，继续努力就会取得成功。

第三节　儿童也有深谋远虑
——米歇尔延迟满足的两阶段模型

自我控制（self control）指的是对优势反应的抑制和对劣势反应的唤起能力。所谓优势反应指的是对儿童具有直接、即时吸引力的事物或活动所引起的想要获得该事物或参加某活动的冲动趋向，劣势反应与此正好相反。如8岁的小明想要看动画片，但是作业还没有做完。这时如果他能够压制自己想看动画片的冲动趋向，而坚持将作业做完，那么他就是使用了自我控制。

在现实生活中我们也经常面临这样的选择：即时享受；或是克制诱惑，努力进取，从而在未来获得更好的收益。诸如此类的选择，就涉及心理学中一个十分重要的研究课题——延迟满足。"延迟满足"（delay of gratification）这一概念源于弗洛伊德，但作为一个研究范式则要归功于米歇尔(W. Mischel)。他于 20 世纪 50 年代开始从事有关延迟满足的研究,引发了其他研究者对此领域的深入考察和跨文化的验证。

一、理论介绍

20 世纪 60 年代,美国斯坦福大学心理学教授米歇尔设计了一个著名的关于延迟满足的实验,揭示自我控制能力对获得成功的重要性。

延迟满足是人格中自我控制的一个部分,它是指为了更有价值的长远利益而放弃即时满足的选择取向,以及在等待中展示的自制能力。个体为了追求更大的目标而克制自己的即时冲动,放弃眼前的诱惑。延迟满足不仅是幼儿自我控制的核心成分和最重要的技能,也是儿童社会化和情绪调节的重要成分,是心理成熟的表现。

米歇尔通过延迟满足实验勾画出了一个延迟满足的两阶段模型。第一个阶段是延迟选择,"延迟者"会基于一个更有价值的长远结果而放弃当前的即时满足。米歇尔认为这种抉择取向与个体的期望有关,以往的经验、模范的提示以及对于获得奖赏的肯定等都是影响个体期望的相关因素。第二个阶段是延迟维持,延迟者需要维持做出的延迟满足抉择,直到达成最后的目标。在这一过程中,延迟者需要处理自身的不满足状态,环境因素、个人认知以及外在活动均会在这一阶段中产生作用。整个延迟行为从目标选择开始,经历有效的延迟维持过程,并以获得延迟奖励告终。这种延迟行为反映的是在两难选择的压力情境下个体表现出的一种自我调节能力。

二、研究支持

米歇尔等人经过大量的实证研究逐渐奠定了延迟满足两阶段结构的实验范式,也称"选择"延迟范式,或米歇尔范式。

该研究范式的一般程序是:首先,实验者与被试在实验室内做一些热身游戏。随后,由实验者给被试出示两种奖赏物,如:一块软糖和两块软糖,或者是一块椒盐饼干和两块椒盐饼干,让被试在数量不等的两个奖赏物之间做出偏好选择(第一阶段——延迟选择)。然后实验者告诉被试,他现在有事情要做,需要离开房间一会儿,并接着说:"要是你能够等到我回来,你就可以吃这个(指向被试选择的奖赏物);要是你不想等了,你可以按铃随时把我叫回来。但是如果你按了铃,那么你就不能吃这个了(指向被试选择的奖赏物),只能吃这个(指向被试没有选择的奖赏物)。"确信被试理解之后,实验者离开房间,并通过单向玻璃观察记录儿童的延迟时间和延迟等待策略(第二阶段——延迟维持)。实验者15分钟后回来,或在儿童按铃(或违规)后回来。

结果,有的孩子急不可待,马上把糖吃掉了;而另一些孩子为了克制自己的欲望,耐着性子、闭上眼睛或头枕双臂做睡觉状,也有的孩子转过身不去看糖,或用自言自语、唱歌等方式来转移注意、消磨时光,从而获得了更丰厚的回报。14年后,研究人员发现当初那些能够抵抗住诱惑的孩子,在学术智力测验(SAT)上的成绩比其他孩子高,他们有较好的人际关系,社会适应能力也强,能积极迎接挑战,面对困难时不轻易放弃,不会在压力面前崩溃;那些经不住诱惑的孩子则往往屈服于压力而逃避挑战,容易怀疑别人以及对别人感到不满,固执而优柔寡断。在后来几十年的追踪观察中,研究者也发现那些有耐心、能够等待的孩子,事业上更可能获得成功。

这一实验表明,那些善于等待、能够调控自己情绪和行为的孩子,拥有更好的心理健康水平,未来更有可能取得更大的成功。

三、理论应用

不同的孩子控制能力不同,而自我控制能力是自我意识的重要组成部分,是一个人取得成功的重要心理素质,因此,父母和教师要有意识地培养孩子的自我控制能力。

(一)对孩子提出的各种要求不要有求必应、有求速应

比如当孩子没有整理自己的房间就提出要看动画片或玩游戏时,不能

马上满足他的要求，可以告诉他只有完成前面的任务，后面的要求才能得到满足。家长可以把每天要干的事和对应可以满足的要求列出清单，使孩子可以时时得到提醒。另外，随着孩子年龄的增长，其认知水平和情绪控制能力得到发展，延迟的时间要适当加长。要让孩子学会控制失望与渴望的情绪，让他们知道任何东西不是想要就能得到的。

(二) 家长对孩子的良好表现要及时奖励

让孩子知道克制住自己的愿望冲动，往往能得到更丰厚的回报。对孩子的奖励不要局限于物质，家长和教师的称赞对孩子会产生更大的吸引力。但奖励是有技巧的。例如，可以用星星贴纸记录孩子的进步，然后积累奖励，等积累到一定的数量，就实现他最想要的愿望。习惯在等待中获得满足的孩子会为了实现长远的目标而主动控制自己的情绪和行为。

(三) 引导幼儿学会适当的策略抵制诱惑

米歇尔在延迟满足实验中观察到，那些能够延迟满足的幼儿，为了抵制眼前的诱惑，会设法转移自己的注意力。因此，为了培养孩子延迟满足的能力，父母可以教给他们一些技巧：通过唱歌、做游戏来转移注意力，通过自我劝说，不断告诉自己"我的决定是正确的"来进行自我强化等。游戏是培养孩子自制力的好方法。例如，和孩子一起玩"我是木头人"的游戏，培养孩子遵守游戏规则、提高自我控制的能力。

四、应用案例

案例一："妈妈，我要吃糖。"兰兰拽着妈妈的胳膊撒娇。"兰兰乖，等妈妈晾完衣服就给你拿。"妈妈说。"不行嘛，我现在就要！"兰兰一屁股坐到地板上，大哭起来。

案例二："妈妈，快来陪我玩啊！""好啊，但妈妈有个重要的电话要打，要是把重要的事情耽误了，妈妈会着急的，你是个懂事的宝宝，你愿意让妈妈着急吗？"妈妈说。"我不愿意妈妈着急，所以，我要等妈妈打完电话再陪我玩。"文文懂事地说。

（资料来源：边玉芳，张瑞平 . 儿童发展心理学［M］. 杭州：浙江教育出版社，2015.）

点评：孩子的自我控制能力并非一开始就非常高的，而是需要家长进行引导和教育，例如案例二中的妈妈，面对孩子的需求时，她并没有一味地顺从，也没有残忍地拒绝，而是采取了一种迂回的策略，通过与孩子商量的方式来引导孩子学会忍耐，进而逐步提高孩子的自我控制能力。

第四节　我将会成为什么样的人
——自我同一性的形成

艾里克森（1963）的理论认为，青少年面临的主要发展障碍是获得自我同一性——一种对于自己是什么样的人、将要去向何方以及在社会中处于何处的稳固且连贯的知觉。自我同一性是在应对许多选择中形成的：什么样的职业是我想要的？我秉奉哪种宗教、道德观和价值观？茫茫人海中我所属的位置是什么？当然，这一切，困扰了许多青少年。

一、理论介绍

玛西亚（Marcia，1980）设计了一套针对青少年的结构访谈，玛西亚根据探索（exploration）和投入（commitment）这两个维度将同一性分为四种类型，也可以称为四种同一性状态、同一性危机解决的四种途径：

（一）同一性获得（identity achievement）

经过对多种选择的探索，同一性获得的个体已经确立了一套清晰的价值观和目标。他们有一种心理上的幸福感、时间上的同一感，知道自己正在做什么。当问他们如果有更好的机会，是否会放弃现在选择的专业时，他们会回答："或许，但是我怀疑我会这样做。因为选择法律作为我的专

215

业是我经过深思熟虑的结果，我确信这很适合我。"

（二）同一性延缓（identity moratorium）

延缓达成意味着迟滞。这类青少年尚未确定明确的目标，他们还处在探索——收集信息和尝试各种活动的过程之中，期望在这一过程中确定自己的价值观和目标来指引未来的生活。当问他们是否对自己的所学领域有怀疑时，他们会回答："是的，但是我想我很快就会克服的。我只是很惊讶，一个领域内会有这么多专业方向。"

（三）同一性早闭（identity foreclosure）

这种类型的个体已经有了自己的价值取向和目标，但那是尚未经过探索的。他们仅是接受了权威人物（通常是父母，但有时也会是老师、恋爱的对象）已经为他们选择好了的东西。当问他们是否曾经重新考虑过高考志愿时，他们会回答："没有，没有认真考虑过。我的家庭对这些都非常认同。"

（四）同一性扩散（identity diffusion）

这类个体缺乏清晰的方向，他们既没有致力于某种价值观和目标，也不去努力追求它们。他们可能从来没有探索过，也可能是曾经试图这样做，但是发现太过困难而选择了放弃。当问他们对于有别于传统的性别角色持什么态度时，他们会说："噢，我不了解这个。这对我来说没有什么区别，我可以接受它也可以不接受。"

需要指出的是：这四种类型不仅仅是一种分类，还代表着一个建构的过程，是动态的。首先，它们没有必然的好与坏之分。如，虽然同一性获得一般来说是较好的状态，但是如果同一性获得过早，也可能限制了个体的发展，使个体失去尝试多种目标和新体验的机会。其次，对于每个个体而言，都会经历这四种状态。只有经历过探索，才能到同一性获得的状态，在获得之前也可能出现一段时间的同一性扩散。最后，这四种状态是可以相互转化的。同一性延缓会转化为同一性获得，同一性获得之后也可能由于新的环境与刺激而导致新的同一性扩散。即使同一性早闭状态也可能因为环境的改变而转化到同一性延缓的状态中。

🗩 拓展阅读

"网络世界"中的认同感探索

　　我们的社会中，越来越多的媒体信息将儿童包围，发展学家开始讨论媒介对儿童发展的影响。例如，儿童发展研究协会出版了他们关于媒介对儿童发展影响的社会政策报告。题名为《从小小爱因斯坦到跳蛙，从毁灭战士到模拟人生，从即时通信到聊天室：在儿童生活中互动媒体影响下的公共利益》(Watella, Caplovitz, & Lee, 2004)。

　　华特莱(Watella)和其同事发现，如今的年轻人通过在线网络活动探索自我认同感，这是在互联网时代之前不可想象的。当今的青少年在网上谈论自己。他们利用网络上的匿名性变换自己的身份，并以更受欢迎的身份、对网络互动游戏角色认同等方式获得更高的自尊。青少年也通过设计个人网站来对自我认同进行探索。实际上，通过网络活动来探索或改变认同感是当代年轻人常见的方式。

　　华特莱和其同事介绍了媒介对儿童发展的多种影响，自我认同的探索只是其中的一部分，尽管我们现在能记录儿童和青少年在网上的行为，推测其对他们认同感探索的影响，但还需要进一步关注在线认同感和现实生活认同感的关系。

二、理论应用

虽然同一性的获得是一个过程，个体可能需要经历同一性延缓、扩散或者早闭才能达到获得状态。但是如果长期无法获得认同感，处于漫无目的的扩散状态，会最终使个体变得压抑和失去自信；也有可能消极认同，成为害群之马、犯罪或者成为失败者。为什么会这样？对于这些备受煎熬的灵魂，变成自己不想成为的人都要比根本没有同一性强。研究发现至少有四种因素影响青少年同一性获得：认知发展、教养方式、学校教育和社会文化因素。教养者也可以从这些方面出发，帮助青少年获得同一性。

（一）选择恰当的教养方式，切勿过于冷漠或过于控制

处于同一性扩散状态的青少年比其他状态的青少年更容易感受到父母的忽略和拒绝，也更容易与父母疏远。要是无法认同和尊重父母并从中汲取某种优良品质，建立自己的同一性是很困难的。对于同一性早闭的青少年，则处于另一个极端，其父母有较强的操纵意识，但他们和父母的关系常常相当密切，甚至害怕被抛弃。这类青少年不会去挑战父母的权威，也不想要形成独立的同一性。相反，同一性延缓和同一性获得的青少年和家庭成员有稳固的感情基础，同时又有相对宽松的个人空间。比如，这些青少年能在家庭讨论中感受亲密，在对父母表达不同意见时也懂得相互尊重。可见，关爱和民主的教养方式不但有助于儿童的学业成就，增加其自尊，也同青少年获得健康和恰当的同一性有一定关系。

（二）鼓励并解答青少年对自我产生的疑问

青少年对自我产生疑问并寻求解答是非常正常的现象，说明他们在探索。并不是所有人一进入青少年期就能获得自我同一性，即使是这样，对他们来说也未必是好的，青少年只有不断地去摸索，体验不同的经历，才会了解自己要什么，想成为什么样的人。因此，当孩子有疑问时，父母和教师作为有经验的人，可以给到他们一些建议，但是只是建议，父母不应该将自己的意愿强加于孩子身上。

☑ 章末总结与延伸

一、提炼核心

1. 自我由知、情、意三方面构成。"知"即自我认识，包括自我概念和自我评价等；"情"即自我的情绪体验，包括自我感受、自尊等；"意"即自我控制，包括自我控制和自我调节等。自我意识会随着年龄的增长而不断发展。

2. 从儿童期到青春期，孩子的自我认识变得更加心理化、更加抽象化，也更加完整一致。具体每个阶段的自我认识有以下特点：（1）儿童早期的自我认识特点：会把自我、心理和身体相混淆；在描述自己上会使用具体的、物质性和动态的描述；具有不现实的积极高估的特点。（2）儿童中晚期的自我认识特点：使用内在特征和社会性描述来定义自己；开始区分真实自我和理想自我；出现了社会比较；自我评价变得更现实。（3）青春期的自我认识特点：描述自己时更多地使用抽象化和理想化的描述；出现更多的自我关注和自我内部的矛盾；自我认识是持续变化的被动的自我；逐渐发展起构建真实自我与理想自我的能力。

3. 哈特通过对儿童自我等级判断的研究，提出了具有层级结构的自尊模型，他认为 6~7 岁的儿童至少形成了三个方面的自尊：学业自尊、身体自尊、社会自尊。随着儿童的成长，这三个方面又会不断细化，形成一个层级结构。儿童的自尊整体来看具有较高的稳定性，但也经历了一些波动。

4. 延迟满足是人格中自我控制的一个部分，它是指为了更有价值的长远利益而放弃即时满足的选择取向，以及在等待中展示的自制能力。延迟满足不仅是幼儿自我控制的核心成分和最重要的技能，也是儿童社会化和情绪调节的重要成分，是心理成熟的表现。米歇尔通过延迟满足实验勾画出了一个延迟满足的两阶段模型并通过大量的实证研究奠定了延迟满足两阶段结构的实验范式，实验表明那些善于等待、能够调控自己情绪和行为的孩子，拥有更好的心理健康水平，未来更有可能取得更大的成功。

5. 玛西亚根据探索和投入这两个维度将青少年同一性分为四种类型，也可以称为四种同一性状态。同一性危机解决的四种途径：(1)同一性获得；(2)同一性延缓；(3)同一性早闭；(4)同一性扩散。这四种类型不仅仅是一种分类，还代表着一个建构的过程，是动态的。

二、教师贴士

(一)提高评价素养

1. 实现平等对话，以激励性评价为主。教师在教学中必须营造一个民主、平等、和谐的课堂评价氛围，在师生互动中应以鼓励、表扬等积极的评价为主，采用激励性的评语，尽量从正面加以引导。学生答得好，及时称赞；学生发言不对，说不清楚，教师及时补充，不使学生感到难堪，让学生保持愉快轻松的心情。

2. 采用合理的积极评价，避免消极评价。当学生遇到学习挫折时，如果教师给予一些负面的评价，学生感受到并接受反馈不良评价信息后，对自我的认知就会随之改变，形成消极的自我概念并严重伤害学生的自尊。因此，教师对学生的评价应谨慎和恰当，采用合理的积极评价，避免消极评价对学生产生不良影响。

3. 全方位对学生进行评价，注重学生的综合素质培养。教师对学生的评价应该多元化。思想品德评价、学习评价、体质评价、性格评价等方面的评价构成了素质教育的整体性原则。因此，评价一个学生要关注德智体美劳等多方面，全面地客观地了解学生各方面的情况，避免个人偏见，实事求是地依据学生的表现情况给予正确的评价。

（二）抓住教育契机，及时强化

在课堂教学中，教师应关注学生的变化，适时强化学生行为的积极转变，及时肯定学生的点滴进步。例如：教师可以引导学生对比今天的自己和昨天的自己，让学生在对比中发现自己的进步和不足；教师也可以通过树立榜样的方式激励其他学生积极参与课堂活动。这些做法会让学生意识到教师在时刻关注他们的点滴变化，强化能让学生知道行为是否适当，能否被接纳。

（三）引导学生对学业成败进行积极的归因

教师在课堂教学中不仅要关注学生知识学习的掌握程度，还要关注学生的学习习惯和态度等，为学生的长远发展奠定基础。教师可以引导学生树立正确的归因观，将成败归因于努力而不是能力，辩证地看待自身的得与失，避免产生习得性无助和自卑心理，失去对学习的兴趣，甚至产生自我放弃的想法。通过激发和引导学生的内在需求、学习行为，使学生逐渐具有自我激励和自主发展的意识与能力，促进学生的全面发展。

三、家庭运用

（一）培养孩子"延迟满足"能力

1. 加强孩子的耐心培养。等待是延迟满足的一个重要因素，如果孩子的耐心太差，那么是很难做到延迟满足的，因此家长要加强孩子的耐心培养，适当地延缓对孩子欲望要求的满足，例如孩子在吃饭时想玩玩具，家长可以告诉孩子吃完饭以后再玩。

2. 冷静对待孩子的任性哭闹。当孩子任性哭闹时，父母一定要冷静，态度温和，通过恰当的方式让孩子明白哭闹并不能帮助自己达成心愿，锻炼孩子的抗挫能力。

3. 及时表扬孩子的良好行为。当孩子开始自主表现出延迟满足时，父母一定要及时表扬他们，使孩子觉得自己的努力得到了认可，自己感受到能控制住自己的满足感和成就感，可以强化良好行为的再次出现。比如，当孩子帮助父母拖地、洗碗、做家务时，父母表扬孩子是个热爱劳动的好孩子，以鼓励他们今后更加主动地做劳动，端正做家务的行为动机。

4. 根据不同的年龄，适当延迟满足。孩子的年龄需求不同，父母给予延迟满足的时间和方式也应有所不同。家长要学会分析孩子的需求，给予不同的延迟满足方式：如向孩子说明延迟满足的理由、推迟满足的时间、设置奖励或让孩子付出劳动或努力等。

（二）提供民主、关爱的家庭环境

1. 家长要树立科学的家庭教育观念。建立相互支持、关心、自由表达的家庭环境，与孩子平等对话，鼓励孩子去探索，并让孩子也参与家庭的决策。相信孩子的自我发展能力，给予其更多自主权。

2. 接纳孩子的优缺点。父母应接纳和理解孩子，给予孩子适当的期望，慢慢消除孩子的自我怀疑和否定，让孩子也开始慢慢地接纳和欣赏自我，降低焦虑和防御，敢于表现出真实的自己，并能逐渐发挥自己的优势，增强自尊感和自信心。

3. 给孩子独立成长的空间。父母应尊重孩子，给孩子较为宽松的独立空间，让孩子能够在一定范围内进行自我探索，鼓励和引导孩子表达自己的观点，帮助孩子建立起良好的自我同一性。

四、实践练习

1. 延迟满足对幼儿的心理成长起着至关重要的作用。在家庭生活中父母可以通过建立奖励机制去培养孩子的延迟满足能力。

2. 在心理健康课程中，教师根据学生身心发展特点，设置适当的生涯规划系列课程，引导学生思考"我是谁""我的未来要怎么走"等问题，提升对自我的认知水平，帮助学生建立理想追求，从而使其在现实生活中建立起积极的自我同一性。

第九章　儿童社会发展

　　人是属于社会的，儿童一生下来就被分别纳入由社会划分好的"男""女"两个性别范畴，在成长过程中，逐渐获得了他(她)所生活的那个社会所认为的适合于男性或女性的价值、动机、情绪反应、性格特征、言行举止。马丁和哈弗森(Martin & Halverson)的性别图式理论介绍了儿童如何形成关于性别特征的认知。随着年龄的增长儿童不仅更了解自己，同时也开始思考和理解他人的观点、情绪、思想、动机以及社会关系和集体组织间的关系，这就是社会认知。观点采择是儿童社会认知发展的重要内容，塞尔曼(R. Selman)将儿童观点采择的发展分为五个阶段。

　　此外，儿童也逐渐掌握了是非标准，并按照该标准表现出一定的行为，这就是道德发展。皮亚杰是第一位系统地研究儿童道德认知发展的心理学家，他采用对偶故事法研究了儿童的道德认知，提出了道德发展的三阶段理论。柯尔伯格(L. Kohlberg)在皮亚杰理论的基础上，采用道德两难故事考察了儿童的道德判断水平，提出了三水平六阶段的道德发展理论，本章将具体介绍柯尔伯格的理论。攻击行为是儿童道德行为的一个重要方面。有关攻击行为的理论有很多，本章主要介绍道奇(K. A. Dodge)的社会信息加工理论对攻击的解释。

第一节　把性别信息装进图式
——马丁和哈弗森的性别图式理论

　　心理学家们提出了多种理论，用以解释性别差异和性别角色的发展。

这些理论中，有的强调性别的生理差异，有的则强调社会对于儿童的影响，有的则侧重儿童认知的作用。马丁和哈弗森提出了一种新的关于性别特征形成的认知理论，即性别图式理论(gender schemas theory)，这一理论更具说服力。

一、理论介绍

性别图式是一组有关男女性别的信念和期望，是个体对性别信息进行组织的认知结构。按照马丁和哈弗森的性别图式理论，基本性别认同的建立有助于儿童学习有关性别的知识，并将这些信息整合到性别图式系列有关男人和女人的观念与期望之中。这种性别图式将影响儿童选择何种信息进行关注、加工和记忆。儿童首先会获得简单的组内/组外图式，使得他们能够区分哪些事物、行为和角色是"男孩的"，哪些又是"女孩的"(如卡车是属于男孩的、女孩可以哭男孩却不能)。这种对事物和活动的最初分类显著地影响着儿童的认知。

此外，儿童会构建一种自我性别图式。自我性别图式由一些细节信息组成，儿童需要借助于这些信息才能表现出与其性别相一致的行为。所以，一个具有基本性别认同的女孩知道缝纫是女孩的活动而制作飞机模型是男孩的活动。因为她是一个女孩，希望自己的行为能与其自我概念相一致，就会收集大量有关缝纫的信息填充到她的自我图式中，并同时忽略许多有关制作飞机模型的信息。

性别图式一旦形成，就会成为信息加工的脚本。儿童往往会对与他们的性别图式相一致的信息进行编码和记忆，而遗忘或是歪曲与图式不一致的信息使之更符合他们的刻板印象。一项研究发现，听故事的儿童可以回忆起主人公从事的非性别典型活动(如一个女孩在砍木头)，但是会改变故事情节使之符合他们的性别刻板印象(他们会说是个男孩在砍木头)。可以肯定，这种遗忘和歪曲与性别刻板印象不一致信息的明显倾向，有助于解释为什么关于男性和女性的没有事实基础的观念如此难以磨灭。

总之，马丁和哈弗森的性别图式理论是看待性别特征形成过程的一种有趣的新视角。这一模型不仅描述了性别角色模式是如何形成并随时间延续的，也指出了形成过程中的性别图式如何远在儿童能够理解性别是一种无法改变的特征之前，就能促进稳固的性别角色偏好和性别特征行为的发展。

二、发展里程碑

（一）性别特征行为和性别角色的发展

根据波希（Bussey）和班杜拉提出的性别发展的社会认知理论（social cognitive theory of gender development），观察学习是儿童习得性别相关问题的途径之一。通过对同性及异性儿童和成人的观察，儿童学会了适合自身的性别的行为，并积极构建符合不同性别角色的外貌、工作和行为的相关概念。在儿童表现出符合或不符其性别的行为时，他人给予的积极或消极反馈也会影响儿童对性别的认知。表 9-1 详细介绍了儿童性别特征行为在 3~11 岁的发展特征。

表 9-1　　　　不同性别行为特征在 3~11 岁的发展演变

标准	性别同一性	玩具偏好	玩伴偏好	玩耍的方式
3~4 岁	儿童通过外表判断人是男性还是女性——短裙或长发。他们认为一个儿童可以通过改变外表来改变性别（例如，一个男孩穿上裙子就变成了女孩）	这时儿童发展出性别连续性。他们现在意识到不同的着装不能改变他们的性别。性别连续性与认知发展中皮亚杰的守恒阶段密切相关	对于性别的认识变得更加灵活——不管哪种性别都可以做几乎任何事	男孩参加更活跃、更杂乱无章的玩耍；女孩倾向于更多地与彼此交谈，喜欢玩家庭人物的角色扮演

续表

标准	性别同一性	玩具偏好	玩伴偏好	玩耍的方式
5~7岁	在1岁的时候开始出现不同。在3岁的时候女孩更可能玩娃娃、茶具，男孩玩枪、小汽车、火车	玩具偏好中的男女差异被继续保持，同时出现了对中性事物的偏好，如打孔器和松饼刀	研究显示学龄前儿童对有性别角色的娃娃有着很强的偏好	玩耍方式继续发生分歧。对于男孩来说实现统治地位更加重要；女孩更喜欢与彼此交谈以巩固关系
8~11岁	所有同性玩伴都会偏好性别隔离。是儿童自身驱动这一过程，并非成年人	性别隔离变得更强，儿童偏好同性伙伴，回避异性伙伴	对同性伙伴的偏好达到小学期间的最高（占所有案例的95%）（Maccoby，1998）	男孩倾向于在大群体中玩竞争性的游戏；女孩则花时间与最好的女性朋友分享亲密的秘密

注：上述发展性事件为研究得出的总体趋势。儿童表现出这些行为的年龄可能存在很大的个体差异。

(二) 父母对儿童性别特征行为选择的影响

家庭、同伴、教师和电视都会影响儿童性别特征行为的发展。他们发挥着榜样、塑造者、鼓励者和强化者的作用。父母对童年早期性别特征的形成具有重要的影响。

在婴儿时期，父母就已经开始向他们传递关于性别角色和性别刻板印象的信息。这一进程在父母给孩子起名字并带他们回到充满着蓝色运动主题或粉色花朵主题的育儿室时就已开始。父母通过孩子的穿着打扮向世界宣告他们的性别。这些具有性别特征的服饰展示了儿童的性别，并保证即使是陌生人也能作出与儿童性别相符的回应。

对于更大一些的孩子，父母会给他们选择裤子或裙子，选择他们认为适合其性别的玩具，促进其与同性玩伴的交流，并时常对孩子违背他们性别特征标准的行为进行劝阻或批评。父母还通过让男孩和女孩参与不同类型的活动、俱乐部和运动(如男孩参加棒球队，而女孩参加芭蕾班)为他们提供了学习性别特征行为的机会。表9-2展示了儿童的性别角色发展及父母对其进行的性别角色社会化。

表9-2　　　　　　　　**性别特征行为和性别角色的发展**

年龄阶段	父母对孩子进行的性别角色社会化
婴儿	父母为婴儿选择粉色或蓝色的衣服，并把育儿室装饰成同样的颜色 他们用"强壮""活跃"形容男孩，用"甜美"形容女孩 父亲用"嘿！小老虎"和男孩打招呼，而用"你好，小宝贝"和女孩打招呼
1~3岁	父母选择适合孩子性别的玩具，促进其与同性玩伴的交流，对不符孩子性别角色的行为表现出否定态度 相比母亲，父亲更可能强化孩子的性别特征行为 儿童能够将男性和女性面孔归为两个不同的类型 儿童能够正确认识自身的性别，但是对性别身份及其意义的理解仍相当有限 在接近3岁时，儿童开始获得性别身份的概念
3~5岁	儿童能够将自己和别的孩子进行性别归类 儿童明显表现出对符合其性别特征玩具的偏爱 女孩和婴儿的交流更多，并且比男孩更加积极主动 儿童表现出比成人更强的性别刻板倾向 儿童开始理解性别稳定性概念
5~7岁	相比女孩，男孩更喜欢和同性别群体一起玩 儿童和同性玩伴一起玩的时间多于异性玩伴 儿童理解性别稳定性和性别恒常性(在7岁时)
7~11岁	儿童对与文化性别刻板印象一致的活动产生兴趣 大多数儿童表现出关于性别特质的知识

注：上述发展性事件为研究得出的总体趋势。儿童表现出这些行为的年龄可能存在很大的个体差异。

三、研究支持

性别图式理论认为儿童会构建一种关于自我性别图式，用于收集其同性别的信息，以此来表现出与其性别一致的行为。为了验证这一假设，研究者向 4~9 岁的被试呈现一些中性物品(如报警铃、切比萨饼的餐刀)，并告诉他们这些东西是属于男孩或女孩的(Bradbard et al. ，1986)。如研究者所预期的那样，男孩比女孩更多地探究那些属于男孩的物品，而女孩更多地探究那些被描述为更受女孩欢迎的物品。一个星期之后，男孩对男孩物品的记忆远超过了女孩；而如果这些物品被标记为女孩的物品，则女孩对这些物品的记忆优于男孩。如果儿童的信息收集过程一直都是这样受他们的自我性别图式所支配，我们就不难理解为什么男孩和女孩在成长的过程中会获得完全不同的知识，发展出完全不同的兴趣和能力。

💬 拓展阅读

性别图式与性别角色刻板印象

研究表明，性别图式可能是导致性别角色刻板印象产生的心理机制。通过性别图式加工，个体自动地把人及其相关特质和行为划分到男性和女性两个范畴，同时把自我概念同化到性别图式中去，从而习得特定文化背景下的性别角色。贝姆(Bem，1981)曾做过一项研究，她首先把 48 名男性和 48 名女性根据贝姆性别角色问卷调查的结果划分为性别刻板化者、性别倒错者、双性化者和未分化者，然后逐个在屏幕上显示 60 个性别特质形容词，如"独立""女人气""竞争"等，让被试判断这些形容词是否符合自我描述，并做出"是我"和"非我"的判断。结果表明，无论是赞同与性别相一致的特质，还是排除与性别不一致的特质，性别刻板化组被试均比其他三组被试的反应速度明显要快。

四、理论应用

在建构性别刻板图式的学前期，儿童的思维倾向于直觉思维，而且是单维的。我们已经讨论过，在遇到了与自己的性别图式相抵触的信息，如听说一个男孩喜欢烹饪时，他们往往不会对该类信息进行加工和保持；该类信息通常是被歪曲或遗忘了——因为单维度的、直觉性的思维使他们非常难以把性别典型行为（烹饪）和性别分类（女孩）区分开来。性别刻板印象是一种僵化的性别图式，它会导致男孩或女孩回避那些本不具有性别局限的活动，抵抗性别刻板印象的形成可以使用以下几种方法：

（一）规则训练

就各种问题进行讨论，例如判断谁会在传统的男性职业和女性职业——如建筑工人和美容专家——上有更优秀的表现？教师或父母应告诉孩子最主要考虑的因素应是个人的兴趣和学习意愿，而与个人的性别无关，如果女生喜欢并且擅长建筑方面的工作，她照样可以成为一名优秀的建筑工人。由此教育孩子，在选择自己的兴趣爱好时，不要因为自己的性别而有所局限，只要是自己喜欢的，没有什么不可以。

（二）分类训练

向儿童布置各类分类任务，要求他们将事物分为两类（例如从事男性化和女性化职业的男人和女人）。这种训练的目的在于告诉儿童，事物可以从各种角度进行分类——这一观点能够帮助儿童认识到，职业分类并不一定必须依据通常从事这些职业的人的类别，只有少数人从事并不代表不可以，相应的，也并非绝大多数人都做的就必须要遵循。

（三）教师避免以性别给学生归类

在儿童学校生活的头几年，教师依据儿童的性别对儿童进行分组，对性别差异进行强调，这可能是在不自觉地助长儿童性别刻板图式。在一项近期的实验研究中，比格勒(Bigler，1995)随机地将一些6~11岁的学生分配至"性别教室"。在这样的教室中，教师为男女生分别安排了布告栏，让男生和男生、女生和女生坐在一起，并经常分别针对男孩和女孩说话(例如，"所有的男孩都必须坐下来""所有的女孩都把玩具举起来")，在其他班级，研究者要求教师只按照姓名称呼学生，并将班级作为一个整体看待。仅仅4周后，性别教室的学生就比控制组的学生更为支持刻板印象，特别是那些以单维度思考问题、难以理解一个人可以同时属于多个社会类别的儿童尤为如此。因此，对于那些喜欢按照僵化的性别图式行事的低年级单维度思考者，教师如果避免将他们依据性别分类，就可以帮助他们抵抗性别刻板特征的形成。

第二节　站在他人的角度看问题
——塞尔曼的观点采择发展阶段理论

你玩过"剪刀、石头、布"的游戏吗？在和孩子玩时，你很容易赢三四岁的小朋友。你也许还会笑他："这个笨小孩，刚才出什么现在还是出什么，就不知道换一换。"但你和五六岁的小朋友玩时，就不容易赢了，甚至还会输。有的孩子很厉害，赢了还会告诉你秘诀："我刚才出石头赢了，他还会猜我接着出石头，可我偏不！"差一两岁，儿童怎么一下子变得这么聪明了？这在很大程度上源于儿童观点采择能力的发展。三四岁的孩子还不会从对方的角度来看自己，所以在游戏中不知道掩饰。五六岁的孩子开始变得复杂了，他们能够理解他人的心思，甚至为了照顾他人开始学会掩饰自己的情绪，"自己赢了也不骄傲"。4~6岁的儿童正处于观点采择能力发展的转变期。

一、理论介绍

观点采择(perspective taking)是指区分自己与他人的观点，进而根据当前或先前的有关信息对他人的观点或视角做出准确推断的能力。观点采择是儿童社会化的重要方面，经常被形象地比喻为"从他人眼中看世界"或是"站在他人的角度看问题"。美国发展心理学家塞尔曼（R. Selman）认为，观点采择在儿童的社会认知发展中处于核心地位。塞尔曼采用"霍利爬树"的两难故事情景，对儿童观点采择能力的发展进行了深入研究。他发现，儿童的发展可以分为以下五个阶段或水平：

阶段零（3~6岁）：自我中心或未分化的观点采择。儿童只知道自己的观点，意识不到别人的观点。他们不能认识到自己的观点与他人的不同。

阶段一（6~8岁）：社会信息的观点采择。儿童开始意识到他人有不同的观点，但相信这是由于个人所接受到的信息不同。在这一阶段，儿童仍然不能考虑别人的想法，并事先知道别人对这一事件会怎样反应。

阶段二（8~10岁）：自我反省的观点采择。儿童认识到，即使接受的信息相同，自己和他人的观点也可能会有冲突。这时儿童能考虑他人的观点，并据此预期对方的行为反应，但是儿童还不能同时考虑自己和他人的观点。

阶段三（10~12岁）：相互的观点采择。儿童能同时考虑自己和他人的观点，以第三者、旁观者、父母或共同朋友的角度来看待两个人的相互作用。

阶段四（12~15岁以上）：社会和习俗系统的观点采择。儿童开始运用社会系统和信息来分析、比较、评价自己和他人的观点。

儿童观点采择发展的总体趋势是从只知道自己的观点而不知道他人的观点这样一个极度自我中心状态（阶段零），发展到同时在头脑中保持两种以上观点并且能够与"概括他人"的观点做出比较这样一个熟练的"认知理论家"（阶段四）。

💬 拓展阅读

塞尔曼的人际两难问题

塞尔曼要求儿童回答一些人际两难问题，用以研究儿童观点采择的发展。下面是霍利爬树的例子。

霍利是一个8岁大的女孩，她喜欢爬树，是一群孩子中爬得最好的一个。一天，她在爬树的时候从一棵高高的树上摔了下来，所幸没有受伤。她的父亲看见她摔下来，非常担心，让她保证以后不再爬树，霍利答应了。

过了些时候，霍利一个朋友的小猫爬到树上，却不敢下来了，再不救它就有可能从高高的树上摔下来。只有霍利能爬上树去救小猫，但她想起了对父亲的承诺。

讲完故事，研究者提出以下问题：

霍利是否知道朋友对小猫的感情？

如果霍利的父亲知道她爬树，会怎么想？

霍利认为如果她父亲发现她爬树后会怎么做？

你会如何做？

根据儿童对这些问题的反应，塞尔曼对观点采择能力的发展划分了阶段。

二、理论应用

(一)鼓励儿童参与各种游戏和活动

在游戏、活动中加入充满想象力又丰富多彩的角色让儿童扮演，有助于提高他们的观点采择能力。教师可以利用多种辅助手段，展现真实的情境，并通过角色扮演活动来进行训练。角色扮演时，儿童必须从自己所扮演角色的观点出发，而不能只从自己的观点出发考虑问题，要把自己放在角色的位置上，这样可以发展儿童从他人角度看问题的能力。随着扮演角色的增多，儿童掌握的他人的观点也逐渐增多，这有利于其观点采择水平的提高。

(二)增强同伴互动

家长应注意不要将孩子独自关在家中，在家庭或社区里要尽量为儿童提供接触同龄伙伴的机会，这样他们更有可能感受他人的想法和情感，逐渐提高观点采择能力。要给予儿童自己解决同伴间冲突的权利。从某种角度来说，同伴间的冲突构成了儿童观点采择能力发展的契机。给予儿童权利让他们自己去解决问题就是促使他们反省自己的观点、思考他人的观点，在观点间做出取舍和选择，从而促进观点采择能力的发展。成人不应该过多地干涉或者指责儿童。例如，游戏中小朋友互相争夺玩具，家长可以利用这一情景与儿童进行讨论：把玩具给小朋友玩和不给他们玩时，小朋友的心情和表现如何；如果其他小朋友愿意分享玩具，谈谈自己的感受。在分享体验的同时引导、培养儿童感受他人的观点和情绪。

(三)加强对儿童尤其是独生子女观点采择能力的训练

通过设置训练课程培养儿童的观点采择能力。例如，可以在课程中呈现假想故事和两难情境让儿童做出反应，反复进行练习。教师可以根据儿童的反应判断儿童的观点采择水平，然后进行示范引导，并对其正确的解决方法加以强化，逐渐提高儿童的观点采择能力。

三、应用案例

林彬等 2002 年对泉州市某小学的 81 名学生进行干预训练，其中实验班 41 人，对照班 40 人，随机分配两班学生。在实验干预前，对实验班和对照班进行儿童观点采择能力前测，无显著差异。

对实验班的学生进行为期 20 周的心理活动课程干预，每周 2 次，每次 45 分钟。该课程分三个阶段进行：

第一阶段：合作活动训练(共 10 次)。这一阶段通过合作活动使学生体验到合作的快乐。教师在课中和课后进行适时总结，使学生明白成功的合作除了个人的努力，还需要考虑合作者的具体情况，如在模拟逃生活动中，如果争先恐后地逃离险地，则最后成功逃生的人微乎其微。

第二阶段：认知训练(共 20 次)。这一阶段主要引导学生全面认识自己与他人，学会自我悦纳，并在此基础上，体验来自家庭、学校、社会诸方面的关心与爱护，初步学会站在他人的角度去理解他。

第三阶段：情感训练(共 10 次)。这一阶段主要通过角色扮演让学生在模拟的生活情景中，扮演他人的角色，体验他人在各种不同情景下的内心情感。如盲童过街，通过设定的正反情景对比表演，让学生体会盲童的内心感受，以此培养学生乐于助人的亲社会行为。

通过 20 周的干预训练后发现，实验班在观点采择能力上显著提高，而对照班则与 20 周前无显著差异。

(资料来源：边玉芳，张瑞平．儿童发展心理学[M]．杭州：浙江教育出版社，2015.)

点评：这个研究表明了儿童的观点采择能力是可以通过干预来提高的。在实验中，研究者采用了合作训练、认知训练以及情感训练三种方式一步步地提高儿童理解他人的能力，这对儿童的社会化发展具有重要作用。

第三节　从服从权威到遵从内心
——柯尔伯格的道德发展阶段理论

皮亚杰是研究儿童道德发展的先驱，柯尔伯格对皮亚杰的理论框架进行了深入研究和系统探讨。他既对皮亚杰的理论给予了高度的评价，也指出皮亚杰研究方法中存在的局限性，如采用对偶故事法不能很好地揭示儿童道德推理的过程，所研究的儿童道德发展的内容维度较窄等。鉴于此，柯尔伯格决定采用道德两难问题引发儿童的道德判断，提出了三个水平六个阶段的儿童道德发展模式。

一、理论介绍

柯尔伯格及其同事通过临床访谈法，采用纵向研究考察了 10~16 岁男孩的道德判断，并将研究结果推广到其他国家进行验证，最后提出了三个水平、六个阶段的道德发展理论，其基本内容和特征如下：

水平一：前习俗水平（0~9岁）。对儿童来说，规则是外部的，由权威制定，而非已经内化的。儿童为了避免惩罚或得到奖励而遵守规则，此水平又分为两个阶段：

阶段1：惩罚与服从取向。行为的好坏依赖于它的具体结果。这阶段的儿童认为，凡是没有受到惩罚或顺从权威的行为都是对的。受到的惩罚越严厉，这种行为就越"坏"。

阶段2：相对功利取向。正确的行为就是为了获取奖赏或者满足个人目标的行为。此时的动机主要是获得回报，如"你帮我，我也帮你"。

水平二：习俗水平（9~15岁）。儿童是为了赢得别人的赞同或者为了维持社会秩序而遵守规则。社会奖励和回避伤害已经取代了奖励惩罚而成为道德行为的动机。这时儿童已经明确意识到并认真考虑他人的观点。此水平又分为两个阶段：

阶段3：好孩子取向。儿童认为好的行为是指那些受到他人喜欢或被人赞扬的行为。此时儿童主要是根据行为意图做出判断。"良好的意图"是非常重要的，表明儿童希望被别人看作是一个"好"人。

阶段4：法律和秩序取向。儿童开始考虑普通大众的观点，即法律中所反映的社会群体的意志。他们认为，服从法律规则的事情就是正确的。儿童遵守规则的原因不是为了回避惩罚，而是维持社会秩序。

水平三：后习俗水平（16岁以上）。儿童达到最高道德推理水平。处于此水平的儿童能以更为广泛的公平原则界定是非对错。它包括了两个阶段：

阶段5：社会契约取向。这一阶段的个体把法律看作反映大多数人的意志和促进人类幸福的工具。法律应该保持公正以保障大多数人的权利和幸福。个体有责任遵守法律，那些损害人类权利和幸福的强制性法律是不公正的。

阶段6：普遍的伦理取向。决定道德的是个体内在的良心。道德原则高于任何可能与此产生冲突的法律或社会契约。该阶段是柯尔伯格心目中理想的道德推理阶段。他认为，只有极少数人能够达到这一阶段。

柯尔伯格关于儿童道德发展阶段的理论扩展了皮亚杰关于儿童道德发展的理论。他认为，儿童的道德是沿着固定的三个道德水平、六个道德阶段发展的。

二、研究支持

为了探索儿童的道德发展水平，柯尔伯格招募了一批 10 岁、13 岁、16 岁的男孩，要求他们对 10 个道德两难故事发表看法，以分析他们的道德判断标准和特征。每个两难问题都要求儿童在以下两个方面做出选择：(1)遵守规则、法律或权威人物；(2)为了满足个体需要而采取与规则相冲突的行为。其中最典型的两难推理故事是"海因茨偷药"——海因茨的太太得了癌症，生命垂危。医生认为，目前只有一种新药才能救她，可是药剂师要价很高。海因茨到处借钱，却只够药费的一半。海因茨请求药剂师便宜一点卖给他或者允许他赊账，但药剂师不答应。海因茨走投无路，只好去偷药。

讲完这个故事后，主试向儿童提出一系列的问题：海因茨应该这样做吗？为什么？法官该不该判他的刑？为什么？柯尔伯格真正关心的并不是儿童对这些问题做出的肯定或否定回答，而是儿童做出判断的理由。柯尔伯格根据儿童给出的理由确定其道德判断水平。

研究结果表明，不同年龄阶段的儿童给出的反应不同。年龄小的儿童认为"海因茨不应该这样做，因为偷东西是不对的，是要受到惩罚的"；而年龄大的儿童会认为"海因茨只能这么做了，因为生命更重要"。这说明不同年龄阶段的儿童在进行道德判断时所采用的标准不同。

三、理论应用

(一)遵循儿童的道德发展规律，有针对性地开展道德教育

遵循儿童的道德发展规律，理解处于不同道德阶段的儿童。道德发展

阶段不应被简单地视为成人通过口头解释、惩罚等使其道德标准成为儿童的一部分。然而，传统德育往往注重将成人的道德规范强加给儿童，如果超越了儿童的理解水平，成为居高临下的说教，那么这种教育对儿童来说就没有什么意义。为了有效促进儿童道德水平的提高，成人需要确定儿童所处的发展阶段，根据儿童道德发展每一个阶段的特点，有针对性地开展道德教育。

(二)尊重儿童发展的个体差异，因材施教开展道德教育

在开展道德教育时，应充分考虑儿童的个体差异。柯尔伯格认为，虽然儿童道德发展的顺序固定不变，但每个儿童道德发展的水平受其性别、年龄、智力、性格、环境等多方面相互作用的影响，因此他们所处的道德发展阶段也各有不同。在具体实施道德教育时，成人需要准确把握儿童的道德发展阶段及其认知水平，重视个体差异，做到因材施教。

(三)借助道德两难故事开展儿童道德教育

儿童在课本上所了解的世界总是公正的，但众所周知，真实世界并非如此。生活并不是对于社会规则与道德准则的简单选择。有些儿童在接触了社会的假、恶、丑后，遇到困难和挫折时，往往会表现得软弱和不堪一击。柯尔伯格的两难故事给儿童呈现了一个真实而复杂的生活图景，阅读、讨论、体验分享两难故事能使儿童产生道德认知冲突，引发儿童主动的道德思考，以促进儿童向更高一级的道德水平发展，在面临道德问题时能明辨是非，做出正确的道德判断和道德抉择并付诸行动。

四、应用案例

最近，二年级班上(孩子们大多8岁了)第一次出现了孩子偷拿别人钱的事。现在的四年级也曾在两年前，也就是二年级的下半学期发生过类似的事情。

这样的孩子有个特点：他们的父母都不给孩子零用钱。

一个孩子偷拿了别人的财物，一定是道德问题吗？

我们知道，孩子最初是没有"你""我"之分的，遇到自己喜欢的物品，他们直接拿或是抢。3 岁时，他开始有了"我"的概念，对自己的东西格外在意，抢别人东西的现象也减少了。随着年龄的增长，如果在别的孩子那儿发现自己喜欢的物品，他们会采用"以物易物"的方式来换取。到了五六岁，他们又学会通过竞技来"赢"东西，譬如砸王牌、抽奖。这种情况一直延续到小学一年级。

七八岁时，孩子们突然发现了"钱"的好处：钱可以买到自己喜欢的东西。他们开始学习使用货币，通过使用货币，他们知道了钱、物的价值。但是有的家长没发现孩子的这个变化，他们没有给孩子自己支配钱的机会，这样就会出现孩子拿别人钱的现象。

碰到这样的事情家长通常很焦急，认为是孩子的道德出了问题。

（资料来源：孙瑞雪．捕捉孩子的敏感期［M］．北京：中国妇女出版社，2013.）

点评：12 岁之前的孩子是没有道德感的，因此遇到偷拿东西类似的道德问题时，家长和老师不要先急于指责孩子，给孩子安上不道德的罪名，这样会对孩子造成很大的伤害，同时也不利于孩子的道德发展。面对孩子偷拿东西的情况，家长和老师可以采用恰当的方式（如写信封）让孩子意识到自己的做法是不对的，这样既不会让孩子感到难堪，又能够使孩子在之后的成长过程中遵守并内化道德规则。

第四节　敌意的攻击者
——道奇的社会信息加工模型

攻击（aggression）是一种在儿童、青少年中常见的反社会行为（antisocial behavior）。近年来，我国校园欺负事件和青少年街头暴力事件日益增多。对攻击行为及其控制和矫正的研究必须引起社会各界，尤其是发展心理学家的重视。对于儿童攻击行为的起因，发展心理学家提出了不同的攻击理论，其中道奇从社会学系加工的角度探讨了儿童攻击的发生机制，提出了攻击的信息加工模型。

一、理论介绍

道奇采用社会信息加工模型来解释儿童是如何采用攻击或非攻击的方式解决社会问题的。该理论认为，个体从知觉到社会线索再到发生攻击行为，依次经历了编码社会线索、解释、搜寻反应、决定反应和实施反应五个心理加工过程。

(一)编码社会线索阶段

个体选择性地输入情境中对他重要的特定线索，也就是从周围环境中收集相关的信息。例如，他这样做是故意的还是不小心的？道奇和弗雷姆(Dodge & Frame)指出，攻击性儿童更倾向于注意并较容易回忆具有威胁性的信息。

(二)解释过程

个体知觉情境中的线索后，首先必须把这些信息与他已有的知识经验进行对照和比较，然后为获得的线索做出可能的解释。这是一个主观的、有意义的认知解析过程，受个体年龄、知识经验等的影响。假如个体对中性或模棱两可的信息做出敌意归因，就可能发生攻击和报复反应。攻击性的儿童倾向于做出敌意性的归因，而非攻击性的儿童倾向于做出善意的归因。

(三)搜寻反应阶段

个体对情境做出解释后，便要去寻找可能的行为反应。个体的社会能力水平和知识经验的丰富程度会影响到个体可供选择反应的数量和质量。攻击性儿童大多以"具有敌意的内容"做出反应，且反应方式也缺乏弹性。

（四）决定反应阶段

儿童在搜寻各种反应的基础上做出评估，预测各种反应的效果，然后确定将采取善意的反应还是敌意的反应。对各种反应如何评价将决定儿童采取何种反应及其成功程度。攻击性儿童认为，过多的利他行为会带来负面结果，他们赋予攻击行为相当程度的加权比重。

（五）实施反应阶段

执行所选定的行为反应。个体以往的经验、通过观察和联系所获得的语言及动作技能对行为的发动有决定性影响。个体若缺乏这类技巧将无法成功地表现出适当的行为反应。

其中，儿童的心理状态，包括过去的社会经验、社会期待、社会规则方面的知识以及情绪反应和调节能力，会影响到任一信息加工阶段。

二、研究支持

根据行为的起因，将高攻击性的儿童区分为主动攻击者和被动攻击者。主动攻击者把攻击作为解决问题或获得个人目标的一种手段，认为攻击能使他们赢得切实的利益。被动攻击者则表现出高水平的敌意、报复性攻击，对他人持怀疑和警惕的态度。

已有研究发现，主动攻击者与被动攻击者表现出截然不同的社会信息加工图式。被动攻击者不仅对同伴的意图做出过度的敌意归因，而且由于自己的敌意报复，对教师和同伴也有很多消极的情绪体验，于是逐渐变得讨厌他们，并由此强化了"他人对我都是有敌意的"这样一种社会期待。

由于主动攻击者没有强烈感到不受欢迎，他们并不会迅速对伤害者做出敌意归因。但主动攻击者并不是就此放弃，他们可能会构思一个工具性目标，确定一个最能有效实现目标的攻击反应。实际上，由于主动攻击者认为，强制性的方式能够产生积极的结果，而自己很有能力控制对手，因此他们更可能在攻击过程中表现出积极的情绪反应，更偏爱攻击性的冲突解决方式。

三、理论应用

（一）创设良好环境，降低攻击性行为的发生

儿童年龄小，大多数攻击行为发生在争抢玩具等为达到自己的目的时。鉴于上述特点，教师在设置环境时，应给儿童创设一个尽量避免冲突的空间，提供数量充足的玩具，以减少儿童争抢玩具的矛盾冲突。设置的活动区域应稍有间隔，防止儿童因空间过分拥挤，引起无意的碰撞而造成摩擦。此外，教师还要努力营造一个宽松、民主的心理环境，让儿童能愉快地接受老师、同伴的建议，形成正向情绪和积极经验，善待他人。

（二）通过角色扮演等方式，帮助儿童正确认识攻击行为

人的天性需要在环境条件下发展成现实的人格和心理品质。如果环境不对，儿童一般不能对自己的攻击行为做出反省。为此，我们需要通过认知训练的方式，例如角色扮演、讲故事、情景表演等给儿童呈现出一个有攻击行为的儿童形象，然后讨论表现和危害，并让儿童设想受欢迎的儿童是怎样的。通过这样的方法，儿童能认识到，有攻击行为的儿童是不受欢迎的儿童，并会给别人带来伤害。

（三）通过对社会线索的认知培训，让儿童形成合理归因

年幼的儿童因为认知水平的限制，不能很好地理解他人的行为和情感，在解释过程中出现归因偏差，进而产生攻击行为。因此，从内部认知角度引导儿童对他人的敌意行为以及自身的攻击行为进行正确评价，是有效减少儿童攻击行为的关键。教师和家长在平时应提供问题的全面信息，帮助儿童分析哪些行为是合理的，哪些行为存在偏差，鼓励其做出亲社会的推测而非敌意归因，增加儿童对社会性线索的正确判断，帮助其明白攻击性行为的不合理性。

(四)为儿童树立良好的榜样,发挥示范作用

要培养孩子的自律性,需要家长更高地要求自己。父母需要时常检视自己的言行有没有冲动、暴力、不文明之处,因为年幼孩子最擅长通过模仿的方式进行社会学习,习得家长的一些行为方式。因此,家庭、学校和社会要构成一个统一的教育体系,有意识地为儿童树立一些正向、积极的榜样,消除暴力、攻击等不良行为的影响,从而降低儿童做出攻击行为的可能性。

✔ 章末总结与延伸

一、提炼核心

1. 性别图式是一组有关男女性别的信念和期望,是个体对性别信息进行组织的认知结构。马丁和哈弗森提出的性别图式理论认为,基本性别认同的建立有助于儿童学习有关性别的知识,并将这些信息整合到性别图式系列有关男人和女人的观念与期望之中。性别图式一旦形成,就会成为信息加工的脚本。此外,儿童会构建一种自我性别图式。

2. 观点采择是指区分自己与他人的观点,进而根据当前或先前的有关信息对他人的观点或视角做出准确推断的能力。塞尔曼采用"霍利爬树"的两难故事情景,对儿童观点采择能力的发展进行了深入研究。他发现,儿童的发展可以分为以下五个阶段或水平:(1)阶段零(3~6岁):自我中心或未分化的观点采择;(2)阶段一(6~8岁):社会信息的观点采择;(3)阶段二(8~10岁):自我反省的观点采择;(4)阶段三(10~12岁):相互的观点采择;(5)阶段四(12~15岁以上):社会和习俗系统的观点采择。

3. 柯尔伯格采用道德两难问题考察儿童的道德判断,并提出了三个水平、六个阶段的儿童道德发展理论,其基本内容和特征如下:(1)水平一:

前习俗水平(0~9岁)：阶段1：惩罚与服从取向；阶段2：相对功利取向。(2)水平二：习俗水平(9~15岁)：阶段3：好孩子取向；阶段4：法律和秩序取向。(3)水平三：后习俗水平(16岁以上)：阶段5：社会契约取向；阶段6：普遍的伦理取向。

4. 攻击是一种在儿童、青少年中常见的反社会行为。发展心理学家道奇采用社会信息加工模型来解释儿童是如何采用攻击或非攻击的方式解决社会问题的。该理论认为，个体从知觉到社会线索再到发生攻击行为，依次经历了编码社会线索、解释、搜寻反应、决定反应和实施反应五个心理加工过程。

二、教师贴士

(一)采用多样化的教学方式促进儿童角色采择能力的发展

1. 在教学中鼓励儿童进行角色扮演。通过扮演他人角色，儿童可以经历和体会不同角色的感受，随着角色扮演的增多，儿童能够掌握他人的观点也会随之增多。在教学课堂中，运用学生喜欢的角色扮演游戏或心理剧，让学生扮演生活中或文学作品中的人物，如扮演父母、朋友、老师、小说主人公等角色，从而引导学生学习和体会角色的行为和感受，练习从他人的角度来思考问题。

2. 开展绘本阅读辅导课程。绘本阅读对于幼儿的思维、情感和社会性发展有着重要的意义，在绘本阅读过程中儿童会不自觉地经历一个社会化的过程，尤其是以观点采择为主题的绘本中主人公的行为方式会给儿童一个合理的行为参考范式。教师可以与幼儿一起阅读绘本，给幼儿讲故事，来增加幼儿采择不同角色的观点，例如《我舌头疼》《蚂蚁和蟋蟀的故事》等。

3. 引导儿童增进同伴间的互动。教师要鼓励孩子之间多进行交流，多做游戏，游戏是培养孩子社会采择能力的重要形式。在游戏过程中发生了矛盾和冲突，不要急于干预，尝试让儿童自己解决。

（二）遵循儿童的道德发展规律，有效开展道德教育。

1. 运用故事法开展道德教育。教师在教学课堂中，可以挖掘一些有趣、真实、富有深意的故事，从这些故事入手，引导学生梳理故事中人物的行为并评判故事中人物的做法。通过师生互动、讨论交流，引导学生学会明辨是非、树立正确的道德观念。

2. 在游戏活动中进行道德教育。将道德教育寓于轻松愉快的环境中进行，引导学生，能让学生乐于接受，取得良好的效果。教师在此过程中要关注学生的反应，引导学生分享看法，展开讨论。

三、家庭应用

（一）避免给孩子强加性别刻板印象

1. 父母应该保护孩子的好奇心。孩子的世界是充满好奇的，家长应该认可并和孩子一起探索，鼓励他们去追求自我价值的更大可能性，不必受到性别角色的束缚。

2. 父母应该多给孩子积极的心理暗示。当遇到女孩说自己学不好数学时，父母应该给她自信，让她认为男孩和女孩在学习数学方面是没有差别的。

3. 父母应打破性别偏见，让孩子公平自由地成长。家长应该用无差别的眼光对待孩子，多给孩子一点温柔和耐心，不将性别当作一个定义孩子人生的标签。

（二）鼓励孩子进行社会交往

1. 教给孩子必要的社会交往技能。家长可以通过树立榜样、行为示范、讲道理、角色扮演等行之有效的方法来培养孩子良好的交往技能，如分享、合作、谦让、助人等。当孩子发生争执时，家长可在确保安全的前提下，鼓励孩子寻找原因，协商解决办法，帮助孩子掌握正确的交往技能。

2. 鼓励孩子与更多的伙伴交往。家长多鼓励孩子与同伴交往，有利于增强孩子的认知和判断能力、自我控制能力，形成清晰的行为标准。在生活中，父母应鼓励孩子通过各种各样的途径结识不同的朋友，扩大孩子的交际圈，同时在孩子的交友过程中，父母应该采用更加开放的心态，为孩子提供家庭支持，如邀请同伴来做客，组织家庭聚会等。

3. 带领孩子多参加社会实践活动。父母给孩子最好的呵护不是把他隔离起来，与社会脱离，而是要让他融入社会实践，去发现更好的自己，促进孩子的社会性发展。父母可根据孩子的实际情况，多带领孩子参与一些社会实践活动或户外运动，如环保活动、公益活动、户外运动等。

四、实践练习

1. "道德两难故事法"可以启发儿童积极思考道德问题，从道德冲突中寻求正确的答案，有效地发展儿童的道德判断力。在品德教育或班会中，教师可应用"道德两难法"开展教学，设计与学生道德发展水平及教学内容相吻合的"两难故事"，组织学生讨论，引发学生的道德认知冲突，引导学生寻求答案，提高学生的道德判断能力。

2. 培养孩子的亲社会行为能促进儿童的道德发展，增强孩子社会交往能力并且减少孩子攻击行为的发生。在日常生活中，家长可以让孩子做一些力所能及的家务劳动，并及时予以表扬、鼓励；引导孩子玩一些与人合作的游戏，如拼图、搭积木等，并指导孩子学会与人合作。

第十章　整合多方资源，共助儿童成长

本书既总结了教育、教学情境中的基本规律、概括化理论、原理，为解决教育、教学中的问题提供理论依据；同时也关注教育教学情境中的具体问题，并为解决这些问题提供具体的原则、操作的模式、策略和方法。

第一节　当好孩子的第一任老师
——父母培养循循善诱

一、重视儿童的个体差异

儿童的学习方式和发展速度各有不同，在不同的学习与发展领域的表现也存在明显差异。家长要按照孩子自身的速度和方式到达发展所呈现的发展"阶梯"，真正做到正确对待不同孩子发展的个体差异。

（一）家长要在听听看看中了解儿童的认知结构，了解他们的内心需求

当孩子遇到困难挫折时，及时给予支持与鼓励，让孩子持续感受到家长对他的爱。为儿童创设温暖的、互动的、多层次的学习环境，让孩子按照自己的速度、节奏获得实实在在的发展。

（二）识别优劣，寻求突破

当找到自己所擅长的领域时，儿童将乐于探索，并逐步建立良好的自

我感觉，成功的体验会让其有信心迎接另一个难度更大的领域。但儿童的优势和弱势并不一定是显性的，需要家长时时关注他们在活动中的表现，准确分析其行为，并科学地认定儿童的优势与弱势，同时要分析造成弱势的原因。此外，家长要在观察分析的基础上，创设出多元化的环境氛围和活动内容，以便儿童在不同发展层次获得应有的提高。

(三)尊重差异，因材施教

每一个孩子的个性截然不同。对于儿童在学习与发展过程中由于个体先天的或后天的、环境的或自身的种种原因所带来的个体差异，家长必须予以尊重，了解自己孩子的个性，采取最适合的方法促使其全面发展。不同孩子的发展阶段是不同的，我们要顺其自然，不能强迫他们过早地达到下一阶段的目标。要保护好孩子的兴趣和自信心，让他们真正感受到成功与快乐。

二、重视家庭环境对儿童的影响

家庭环境对儿童的身心发展、性格习惯等有着非常重要的影响。家长可以从以下几点入手，为幼儿提供良好的家庭教育环境。一是家长努力构建一个完整和谐的家庭，父母双方都给予幼儿足够的关怀与爱护。二是培养良好的家庭氛围，家庭氛围轻松和谐、愉快，这样的家庭氛围有利于幼儿良好性格的养成。三是选择合适的教养方式，培养家长与幼儿之间良好的关系，培养孩子的自信心和独立能力。四是布置符合幼儿年龄特点的环境装饰，抓住幼儿各个敏感期，最大限度地提高幼儿的能力。

三、正确判断与看待儿童所处的发展阶段

在儿童的成长过程中，家庭是儿童成长的重要环境，而处于发展不同阶段的儿童其对于家庭教育的需求也有所不同，因此，学会正确判断与看待儿童所处的发展阶段是家长助力孩子成长的重要基础。

（一）保持对孩子发展阶段的敏感性

在理论层面上，家长需要熟知儿童成长过程中每个发展阶段的特点。在本书第一章中，主要详细地介绍了几个具有代表性的理论，读者可对其进行回顾。作为儿童发展过程中的重要角色，家长应当掌握发展心理学的重要理论，了解儿童心理，顺应孩子的心理发展规律，促进其健康成长。

（二）保持对孩子发展行为的敏感性

在实践层面上，家长需要密切观察儿童的行为，识别具有各个阶段代表性的行为，以此来了解儿童行为背后的心理需求及其所处的心理发展阶段。家长应重视孩子的行为表现，积极应对，正确引导。例如，当家长发现孩子开始对语言感兴趣时，就必须开始有意识地进行教学，由易到难，由单字到单词到句子，循序渐进。

（三）保持对孩子发展过渡阶段的敏感性

家长需要从动态的角度，对孩子的行为进行实时的、动态的评估。心理学家戴维森等（Davison et al.，1980）持一种阶段混合（stage mixture）的观点，认为个体或许同时出现几个阶段的代表性行为。混合性是孩子发展过渡阶段的典型特征。下一阶段的一些特征在上个阶段末尾已开始萌芽，而上一阶段的一些特征在下一阶段开始时常常还留有痕迹。例如，形象思维是幼儿期思维的特点，但在幼儿初期还留有上一阶段直觉行动思维的特点。

（四）对发展阶段的绝对性和相对性保持开放态度

儿童心理的发展是一个不断变化的过程，也是一个从量变到质变的过程。作为家长，不应固化发展的阶段性，儿童所处的发展阶段并不是一种绝对的状态，而是一种相对的过程。同时，所处社会历史时期的社会形势、社会风气和文化条件不同，对于发展阶段的判断标准也有差别，家长不能一味地套用理论上的值和指标，要把孩子不同的发展阶段放在更大的社会生长环境中来看，不断更新教育方法和理念，丰富自己的想法，善加利用，以便更科学高效地对孩子进行教育。

(五) 谨慎评估孩子的问题行为

儿童的问题行为是指那些妨碍儿童品格的良性形成、智能的正常发展、身心的健康成长，或给家庭、学校、社会带来麻烦的行为。家庭、学校、社会对儿童发展的不同时期有不同的要求，而儿童的生理、心理和行为表现在不同的发展时期也有不同的特点。因此，在评估儿童的问题行为时，家长和教师要慎重，要把儿童的行为与该年龄阶段的发展状态和家庭、学校、社会的合理要求联系起来，综合考虑，谨慎评估。

四、培养儿童积极的心理品质

儿童积极心理品质的培养要持之以恒，家长的文化素养和学习途径影响着家庭教育的开放度，培训讲座、家长学校和媒体技术等丰富了家庭教育知识获取方式。

(一) 助力孩子获得积极乐观的情绪体验

家长要善于通过增加孩子的积极情绪体验来培养其积极心理品质。在家庭教育过程中面对孩子要积极评价，适时给予孩子积极关注，要积极放大孩子的闪光点，正面评价和鼓励孩子，帮助孩子获得安全、快乐等积极情绪，丰富孩子的心理体验。同时，家长也要正确直面孩子成长过程中的缺点和不足，在孩子遭遇问题困境时更多关注孩子的优势表现。教育和引导孩子直面问题，体验困境中的快乐，锤炼孩子乐观、坚毅等积极成长品质。

(二) 引导孩子学会积极归因

儿童心理品质发展需要正确引导，积极乐观的归因方式能强化儿童的正能量，是塑造儿童积极心理品质的突破口。因此，在家庭教育的教养过程中，家长要正确引导孩子合理归因，助力孩子掌握积极乐观的归因方式，指导孩子正确直面困难，增强孩子解决问题的信心和胆量。引导孩子把成功归因于自身能力，更好地开发孩子的潜能。

(三)潜移默化的榜样示范

家庭教育中，父母的性格、处事态度和日常行为都在潜移默化地影响着青少年积极心理品质的形成，父母要乐观，待人接物及日常行为要以身作则，积极培养孩子的自主性。通过榜样示范、言传身教引导孩子自发自觉地形成积极的处事态度和行为品质。

(四)引导积极参与家庭活动

家长要以家庭活动为培养契机，发掘孩子的积极心理潜能，突破孩子积极心理品质培养的瓶颈。亲子双方共同设计家庭活动，引导孩子参加家庭义务劳动、社区公益活动和社会交往活动，借助感恩实践、角色互换等家庭活动营造积极的家庭文化氛围，丰富孩子积极心理品质的生活体验和经历。

五、教会儿童战胜挫折的有效方法

"授人以鱼不如授人以渔。"在对儿童进行挫折教育的基础上，要教会他们战胜挫折的有效方法。

(一)正确归因

通过正确的归因，让儿童正确认识遇到挫折是因为自身不够努力、能力不足，还是外界条件的干扰，以平和的心态自我审视，查漏补缺，及时进行自我调整。

(二)总结经验

经验是成长路上的铺路石，"吃一堑，长一智"。遇到挫折后，要从中吸取经验教训，总结失败的原因，把挫折当作生活的馈赠，为自己的成长助力。当孩子遭遇挫折的时候，可以让他们通过写日记的方式，倾诉自己的情感，释放自己的压力。

(三) 自我调控

借助转移注意力、自我暗示、找人倾诉、寻求帮助、运动调节、音乐放松等合理的方式释放压力，进行自我调控。

第二节　成长路上的引路人
——老师教育春风化雨

一、重视儿童的个体差异

儿童的学习方式和发展速度各有不同，在不同的学习与发展领域的表现也存在明显差异。心理健康教育教师要按照儿童自身的速度和方式到达发展所呈现的"阶梯"，真正做到关注孩子发展的个体差异。

(一) 细心观察，全面了解敏锐的观察力是教师必备的素质之一

当儿童年龄较小时，他们无法将自己的能力、需求清楚地向他人表达。作为教师，应当有目的、有意识地观察，获得大量具体、真实的信息，然后进行客观科学的评价，制定出适合孩子发展的活动目标和内容。最简单有效的观察方式有两个：一是看，看儿童的行为，包括他们的表情、动作等，了解幼儿在做什么，他们的情绪怎样。二是听，倾听儿童讲话。这是了解儿童语言和情感发展状况的重要方式。"倾听"不仅能使教师了解幼儿，而且能够增强儿童的表达能力和信心。教师在听听看看中了解儿童的认知结构，了解他们的内心需求。当孩子遇到困难挫折时，及时给与支持与鼓励，让孩子持续感受到我们对他的爱。为儿童创设温暖的、互动的、多层次的学习环境，让每个孩子按照自己的速度、节奏获得实实在

在的发展。

（二）尊重差异，因材施教

每一个孩子的个性截然不同。对于儿童的个体差异，教师必须予以尊重，了解每个孩子的个性，采取最适合的方法促使他们全面发展。即便在同一活动中，对不同的孩子也要提出不同的要求，以促进幼儿健康和谐的发展。例如，在绘画活动中，对于能力较强的孩子，鼓励他们尽量发挥想象，丰富画面内容；对于中等水平的孩子，启发引导他们能画出简单作品；而能力相对弱的幼儿，则降低难度，让他们画出主要图画内容就行，主要激发他们参与活动的兴趣。每个孩子的发展阶段是不同的，我们要顺其自然，决不能强迫他们过早地达到下一阶段的目标。

二、重视学校环境对儿童的影响

学校环境能够引导和帮助发展学生的自我意识，学校要为学生创立良好的校园文化。加强校园文化建设可以从以下几方面着手，即要重视校园校容校貌建设，要重视育人氛围的营造，如每周一在国旗下的讲话，校训及名人名言的张贴，充分发挥校黑板报、广播站、校报等的教育作用等。

三、培养儿童积极的心理品质

重视学生的现存优势与之前的成功经验，因材施教，培养学生积极心理品质，探索适合中小学学生心理干预的途径或模式。学校应建构重点关注学生积极心理品质模型。不同人群的积极心理品质的发展各不相同，例如，具有留守经历的贫困生较之非贫困生更加独立自主，适应性强，自我管理与调节能力较好。由此可见，我们可以通过对不同类型重点关注学生的积极心理品质进行测量，从而构建其积极心理品质的模式，呈现出不同类型重点关注学生发展较好和较差的积极心理品质，并在此基础上发挥优势品质，培养欠缺品质。

四、进行情绪教育

进行情绪教育，帮助儿童顺利、圆满及正确地解决情绪问题。情绪受到后天环境或事件的影响而时时改变，生活中遇到大大小小的情绪困扰是很常见的，帮助学生顺利、圆满及正确地解决并渡过难关，是教师的重要任务之一。

(一)建设有利于情绪教育的学校环境

开发情绪教育课程，将情绪教育融入教学活动。情绪教育的具体实施方式包括结构式的课程设计以及融入生活的潜在性学习两大类型。至今，适合中小学校教学活动的情绪教育材料相对缺乏，因此，应该鼓励教师合力开发情绪教育的个性化题材，结合学校心理咨询与辅导活动、公民与道德教育、健康与体育教育等，并融入班会、周会，以不同的主题、系列教育与训导的方式，协助学生发展和谐的情绪。

(二)提高教师的自我情绪管理水平

教师的情绪管理可被视为"修身养性"的重要部分，小到影响教师个人的生活满意度，大到影响教学品质、学生成就甚至社会进步。教师在教学活动中，要不断地面对各种情境接受挑战，情绪也常常会不断地波动，面对这些复杂多样的情境，教师大多数时间都需要做出快速的反应。在这种有限的空间和时间下，要求教师比较完美地控制和管理好自己的情绪，是需要比常人更多的毅力与自律能力的。培养沟通的能力、培养自信心与同理心、了解自己并悦纳他人、充分了解并认识自己工作的意义等都是培养健康的情绪的有效途径。

五、对儿童进行挫折教育

(一)提高心理健康素养，了解学生身心发展规律

教师是"人类灵魂的工程师"，中小学生在塑造品格的过程中离不开教

253

师的参与，在这个过程中，教师承担着重要的角色，起着关键性的作用。所以，教师要不断"充电"，学习前沿的心理学理论，熟练运用科学地进行挫折教育的方式方法，有针对性地采取措施对学生进行教育。

(二) 帮助学生树立正确的挫折观

小学阶段的儿童心智发育尚不成熟，知识经验也不丰富，他们还不能正确对待遇到的挫折，而这可能会使得儿童的心理和行为发生各种变化。例如，有的学生在低年级时成绩非常优异，同学羡慕，老师喜欢，但在升入高年级后成绩下滑明显，心中会产生一种从山顶跌落低谷的情绪体验。长期下去，这种大波动的情绪落差会导致学生丧失自信心，出现失败感、愧疚感和思想负担，情绪低落，开始找借口，甚至出现哭闹、摔东西等过激行为。因此，教师要通过班会等途径帮助学生正确地对待挫折，树立正确的挫折观，让学生认识到挫折是不可避免的，关键是学会勇敢面对。

(三) 利用榜样的力量进行耐挫折教育

榜样的力量是无穷的，对儿童而言，榜样就是标杆，是学习的典范，学生会有意识地对心中的榜样进行模仿，并在这个过程中加深对挫折的认识，逐渐发展成自我品质。教师可从两个方面入手：一是借助教材中古今中外名人抗挫折的事迹进行挫折教育。如通过爱迪生、居里夫人和詹天佑等人艰难的成功之路，让学生明白，只有具备坚强的意志、永不言败的决心、越挫越勇的斗志，才能在自己擅长的领域有所成就。二是可以从学生熟悉的人群中，特别是从他们的同龄人当中选取榜样进行教育。熟悉的人可以大大缩小学生之间的心理距离，起到意想不到的效果。

(四) 帮助学生确立适当的抱负水平

耶克斯—多德森定律指出，动机不足或者过分强烈都会影响学习的效果，中等强度的动机为最佳水平。教师在教学过程中，要根据学生的自身情况，帮助学生确立适当的抱负水平。对于基础较差的学生，可以帮助其制定难度较低的学习目标，使其获得成功的体验；对于基础较好的学生，可以帮助其制定具有一定挑战性的目标，激发学生的学习斗志和获得成功的欲望。

六、充分利用有益于儿童身心发展的游戏

善于利用游戏是儿童自主自发产生的一种活动。心理健康教师在课程设计中，应该把与教学内容相关的游戏设计到教学方案中，在教学中恰当地插入游戏，或者达到教学与游戏的融合，让儿童在玩中就能学习到符合其身心发展特点的知识和技能。这有助于儿童获得更多的注意资源，而且有助于其社会性和人格的健全发展。

(一) 开展的游戏活动要有计划性与目的性

玩是儿童的天性，在儿童教育中，游戏教学对其自信心的建立与知识的获取有着重要的作用，针对儿童活泼好动、喜爱游戏的心理特点采用丰富多样的游戏进行适当的教学，更有利于孩子的茁壮成长。教师合理地组织游戏、安排游戏，有助于儿童在游戏中学习到真正的知识。教师可在开展游戏教学活动前做好充分的计划，将知识融入游戏当中，让儿童在游戏中不知不觉习得知识。

(二) 为游戏教学的有效性准备充足的游戏物料

对于儿童来说，游戏的过程就是其认知周围事物的过程，通过对环境的精细布置与游戏物料的准备，可以使得游戏教学的作用得到更好的体现。

第三节 做孩子最坚实的港湾
——家校合力共育未来

一、积极推动家校共育机制

在积极心理品质的培养过程中，除了让家长知晓学生在校情况外，也

让家长更多了解学校的培养理念，可将学生各学年积极心理品质的测试结果、培养方案告知家长，最大限度地争取家长的配合，积极推动家校共育机制，让家长参与培养计划。

二、设计并实施心理健康教育的校本课程

(一)整合学校心理健康教育的现状和现有资源

校本心理健康教育课程的最大特点是立足于学校学生的实际情况，依托学校现有的资源。作为一门以学校为基础的心理健康教育课程，如何结合学校的实际情况和现有资源，创造学校的特色，是现阶段的难点。为了提高心理健康教育的针对性和实效性，心理健康教育校本课程的开发必须认真整合学校心理健康教育的具体需要和现有资源。

(二)成立关于心理健康教育校本课程开发管理中心

成立校本课程开发管理中心，专门负责对校本课程的开发和管理。校本课程开发管理中心有三个职能，一是全面统筹校本课程开发的各项工作；二是协调校本课程与国家课程的课时设置；三是设置各种管理和奖励制度，激发课程教师的积极性。

(三)制定本校心理健康教育目标

校本课程目标的制定在学校心理健康教育中起着非常重要的作用。校本性和科学性是制定课程目标应遵循的原则。科学性原则是指在专业人员的指导下，开发校本心理健康课程。心理健康教育的课程目标应根据我国教育部心理健康教育的相关标准和小学生的年龄特点制定。校本课程开设的根本是心理健康课程的改革与创新。学校应把握各年级学生心理健康教育的差异，根据学生的具体心理健康状况和各年级学生的心理特点制定具体的教育目标。

（四）心理健康教育的教材编写

心理健康教育教材的编写是课程资源向课程转化的过程，也是校本课程开发的重点、难点和关键。在心理健康教育教材的编写过程中，主要策略是创造性地将心理健康的概念、心理健康的知识、心理健康的方法和技巧与学生的日常生活相结合。这种创造式的整合需要在充分考虑学校实际情况的基础上，根据学校现有的资源和条件，结合学前教育需求评估结果和课程目标而发展起来，必须要符合各年级学生的心理特点。

（五）关于校本课程的评价

第一，多元化。要多方面对学生进行评价。如学生的学习态度、合作精神、创新精神和实践能力，从知识观到价值观、人生观等。承认和尊重学生发展的差异性和独特性，促进他们的个性化发展。第二，多样化。即采取多种方法进行评价，如行为观察、访谈记录、成长手册、学习心得等，做到定性评价与定量评价相结合。第三，综合化。将形成性评价和终结性评价结合起来，用综合分析的方法对校本课程的开发与实施进行评估。特别要重视发展过程的形成性评价，为终结性评价奠定基础、提供依据，使终结性评价具有客观性和说服力，进而提出改进工作的思路和计划，作为下一阶段教学活动的起点。这样一个循环往复的过程，既是校本课程开发与实施的不断完善的过程，也是评价改革不断深化和发展的过程。

三、营造有利于开展青少年生涯教育的外部环境

生涯教育，从广义上说，学校的一切课程与教育活动都属于此范畴；从狭义上讲，生涯教育是指帮助学生进行生涯设计、确立生涯目标、选择生涯角色以寻求最佳生涯发展途径的一种专门性课程与活动。

（一）单独开设生涯辅导课程

生涯辅导课程重点是向学生讲解生涯规划、生涯与人生、职业与社会

等方面的基础知识和基本理念，培养学生进行生涯规划的意识与能力。生涯教育不是一种单纯的知识传授活动，而是基于人类对生命质量追求演进而来的有关人生的探索与实践的活动。因此，在教育过程的设计与安排上，需要尽快开发切实有效的课程以适应青少年生涯发展的需要，保证青少年生涯教育有计划、有目的、有组织地进行。课程可围绕生活技能、职业辅导、个人社交技能以及职业生涯规划等方面进行讲授，以课堂教学为主，培养学生对职业生涯知识的理解。

(二)通过实践活动进行生涯教育

开展生涯教育必须充分调动青少年的积极性和主动性，鼓励他们根据自己的兴趣通过各种实践活动去发现问题、总结规律，培养创新精神和生存的能力。生涯教育的实践方式主要包括校园主题实践和社会生活实践。校园主题实践是指教师有目的地创设主题教育情景引导学生实践，采取的方法主要有主题班会、讲座、板报、知识竞赛、个别辅导、案例分析等。社会生活实践是指教师指导学生开展的社会服务、社会调查、参观访问等活动，有利于培养青少年吃苦耐劳的精神和社会责任感。只有在"真实"的环境中实践，才能真正得到锻炼，才能真正对青少年进行生涯教育。

(三)实施生涯差异化教育

生涯差异教育是指立足于青少年个性的差异，但又不消极适应青少年的个别差异，而是谋求种种教育环境和条件，采用多样化的教育策略和方法，让每个青少年的潜能都能在原有基础上得到充分发展的教育。每个人都是"与众不同"的，人人都可以通过教育来发展自己。因此，要重视青少年的个性，有针对性地对他们进行生涯教育，充分挖掘和发展他们的优势和特长，使他们能找到真正适合自己的特长去发展，从而促进自身素质的全面提升。把学校教育与社会教育联系起来，组织开展生涯教育宣传，遵循人的发展规律，把生涯教育看成是动态的发展过程，根据学生年龄特征，分阶段采取适当的途径与形式逐步推进。

（四）发挥生涯教育成功个案的榜样力量

榜样是人们克服困难、取得成功的精神动力，榜样的力量是无穷的。生涯个案是有效实施生涯教育、开展生涯咨询的现实性保障。成功的生涯教育个案往往凝聚着朴实的道理和内在的规则，挖掘其相关的规则并探寻背后的规律不仅有利于青少年生涯教育的顺利实施，而且能为开展青少年生涯咨询和建构生涯理论提供强有力的佐证。典型的生涯教育成功个案对世界观、人生观和价值观尚未形成的青少年来说具有鲜明的旗帜和导向作用，是青少年勇于进取的不懈动力。

家庭、学校和社会要联合起来，共同对青少年进行生涯教育。父母要树立对孩子进行生涯教育的意识，在日常生活中注重对孩子进行社会交往能力、独立思考能力、人生规划、职业准备等方面的知识学习与技能训练。教育工作者作为生涯规划的直接实施者，首先应该认识到这项工作的重要意义，要懂得一个人的健康成长远比学习知识技能重要。社会是青少年学习的广阔天地，应该充分利用报刊、电视、网络等媒体对孩子开展生涯教育，使青少年生涯教育得到足够的重视，帮助青少年树立经营自己人生的意识。

四、加强并完善青少年网络心理的应对措施

（一）引导青少年树立正确的网络观

在微媒体环境下，学校有必要重视引导青少年树立正确的网络观，促使青少年能够了解正确运用微媒体的方式、辩证看待微媒体为自身心理发展带来的影响，从而确保青少年能够在微媒体的使用中做到严于律己，规避微媒体为自身心理带来的负面影响。首先，学校需要重视将网络道德教育纳入课程体系。如学校可以依托思想政治教育课程对网络道德进行宣传，引导青少年关注自身网络文明素养的提升，促使青少年在正确运用微媒体的基础上将现实社会道德要求内化为自身行为准则；其次，学校需要

重视组织有利于提升青少年网络心理素养的文化活动。在引导青少年树立正确网络观的过程中，学校不仅需要重视拓展网络道德教育深度与广度，而且需要重视使用青少年喜闻乐见的娱乐活动推动网络道德教育呈现出多样性与寓教于乐的性质。如学校可以组织青少年开展微媒体知识竞赛、微媒体创意比赛等活动，从而促使青少年认识到微媒体对自身知识和技能发展所发挥的重要作用，进而为青少年网络心理的健康发展奠定良好基础。

(二) 构建青少年网络心理咨询体系

学校需要以帮助青少年解决网络心理问题为出发点，构建起完善的青少年网络心理咨询体系。具体而言，首先，学校需要推动传统的青少年心理咨询工作向微媒体平台拓展。在此过程中，学校需要引导心理教育工作者围绕微媒体对青少年网络心理的影响及其应对策略做出研究与探索，并构建青少年网络心理档案，使用多元化的方法为青少年群体提供网络心理资源。与此同时，学校需要重视运用微媒体传播心理卫生知识以及开展网络行为训练，在构建在线网络心理咨询平台的基础上，提高网络心理咨询服务的效率与质量；其次，学校需要提升青少年网络心理咨询服务的针对性。如针对网络沉迷的青少年，心理咨询工作者不仅需要通过了解青少年的成长经历以及沉迷动机，挖掘造成青少年网络沉迷现象的原因，而且需要重视引导青少年恢复正常的生活规律、积极参与现实生活中的文化活动、引导青少年寻找微媒体之外的兴趣点，确保青少年能够更好地回归生活。针对存在人格异常、网络孤独的青少年，心理咨询工作者则需要重视引导青少年辨证看待微媒体为自身人格建构以及人际交往所带来的影响，并在制定个性化的心理咨询方案、开展人际交往行为培训的基础上，促使青少年能够对不同的社会角色以及不同层次的社会责任和社会规范做出理解，进而促使青少年能够更好地回归现实与回归自我。面对微媒体环境下青少年群体中出现的认知冲突与思维障碍、人格异常与道德失范、自我迷失与网络孤独等现象，教育工作者不仅需要重视运用微媒体引导青少年树立正确的网络观，而且需要重视对青少年网络心理咨询体系进行重塑与完善，从而为青少年网络心理问题的有效解决提供良好保障。

五、加强中小学网络心理健康教育

网络心理健康教育模式，作为一种新兴心理教育形式，可以有效促进学生的心理健康与学习生活的融合。现阶段，学生属于接触网络技术较早的一个群体，开展网络心理健康教育是十分必要的。中小学应该充分利用网络优势，针对性地开展网络心理健康教育，及时解决学生存在的心理问题，提升学生的抗压能力，帮助学生树立正确的思想观念，促进学生的发展。

(一)在地化和本土化

疫情期间部分学校存在疫情心理课程缺规划、资源偏理论、辅导重讲授等问题，难以有效预防和缓解学生应激心理。因此应创新心理健康教育课程形式和内容，如，开发基于校本的心理拓展课程。并且由于各地各校的学生有共性也有差异，学校心理健康教育工作者应注重通过问卷调查等方法来了解学生、家长和学校的需求，建立与需求相符合的网络平台。

(二)联合互补体系化

不但要形成线上网络与线下现实心理健康教育紧密结合，形式互补、内容统一、共同促进、相互渗透配合的双轨制心理健康教育模式，还要形成以政府为主导，以学校为主体，以专家为引领，以社会专业机构为辅助，以家庭亲子教养为支持的"五位一体"心理援助体系。这样将课内与课外、网上与网下、直接与间接相结合地进行立体化网络心理健康教育，有利于更好地开展中小学生心理健康教育，顺应网络时代对心理健康教育提出的新要求与新挑战，完善心理危机预防、干预体系。

(三)抓住网络心阵地

《中共中央办公厅国务院办公厅关于适应新形势进一步加强和改进中

261

小学德育工作的意见》指出，网络环境下的学生心理健康教育逐渐成为普遍关注的焦点，应充分抓住网络阵地，宣传普及心理健康知识，优化心理健康教育的网络环境，强化网络的积极影响，利用网络优势开展心理健康教育。但同时网络中充斥着许多不利于学生健康成长的信息，甚至有诸多不良信息伪装成心理健康教育知识，有心理困扰的学生阅读和学习后会对自己的身心造成伤害。所以，心理健康教育的网络化，有利于学校抓住网络阵地，让学生学习、触及真正的、受到监控的、有益身心的心理健康知识，优化学生所接触的心理健康教育环境，让学生主动将网络与学习或网络与教育紧密联结，保持网络学习环境安全洁净，达到健全、提升、优化心理健康的教育目标。

（四）帮助学生进行自我心理教育

在开展网络心理健康教育过程中，教师应该引导学生进行自我认知与自我教育。首先，学校要突破传统心理健康教育方式的束缚，采取互动考评的模式引导学生在网络上进行自我评价与自我认知，帮助学生增强自信心；其次，构建网络心理健康教育制度，加强学生自我教育，引导学生积极参与校园知识竞赛或者文艺演出等，打开学生的心扉，避免学生沉迷于网络世界。同时，教师可以按照学生的个人情况，帮助学生设计自我规划方案，并监督学生完成，使学生树立正确的人生观念，对自己的未来有所规划。

儿童是国家和民族的未来，更是家庭的希望。随着时代的发展，国家、社会、学校尤其是家庭对儿童青少年的健康成长越来越重视。教师、家长以及其他从事儿童青少年教育工作的人们要让孩子健康快乐地成长，不仅要给孩子一个美好的童年，更要为孩子一生的幸福奠基，这就需要我们读懂孩子，了解儿童青少年的成长规律及儿童心理学。本书总结提炼了儿童心理学领域具有广泛影响的理论和研究，并为理论的实践运用提供了一定参考，若本书能够为您在教育子女、教授学生这一漫长又短暂的旅途中带来一些积极的影响，我们将倍感荣幸。

儿童发展之路漫漫，你我携手共度可好？

参 考 文 献

［1］［美］艾肯．心理测量与评估［M］．张厚粲，黎坚，译．北京：北京师范大学出版社，2006.

［2］边玉芳，张瑞平．儿童发展心理学［M］．杭州：浙江教育出版社，2015.

［3］［美］伯克．伯克毕生发展心理学：从0岁到青少年［M］．陈会昌等，译．北京：中国人民大学出版社，2014.

［4］程翠萍，田林红，游曼．小学儿童自我效能感与学业成绩的关系研究［J］．重庆第二师范学院学报，2020，33（5）：75-79.

［5］崔贺，李想．浅谈家庭环境对幼儿健康发展的影响［J］．当代家庭教育，2020（10）：1-2.

［6］蔡红梅，冯越晨．儿童延迟满足能力的影响因素研究及其教育启示［J］．陕西学前师范学院学报，2020，36（8）：60-66.

［7］程海云，姚本先．辨析儿童心理发展的连续性与阶段性［J］．现代中小学教育，2007（11）：54-55.

［8］陈婧怡．后疫情时期中小学网络心理健康教育的思考与建议［J］．中小学心理健康教育，2021（12）：55-58.

［9］陈琦．教育心理学［M］．北京：高等教育出版社，2001.

［10］陈雪琼．构建良好亲子依恋关系的策略［J］．好家长，2020（8）：1.

［11］邓赐平，桑标，缪小春．程式知识与幼儿心理理论的发展关系［J］．心理学报，2002，34（6）：596-603.

[12]都丽丽，范雪慧．让生命激起美丽的浪花——加强小学生挫折教育的方法和途径[J]．中小学心理健康教育，2019(2)：56-58.

[13]范文婧．基于艾宾浩斯遗忘曲线的英语词汇复习策略[J]．知识文库，2015(18)：29.

[14]高健，戚朝．微媒体对青少年网络心理的影响与应对策略研究[J]．采写编，2019(3)：176-177，182.

[15]高伟．行为主义对德育的启示[J]．内蒙古农业大学学报(社会科学版)，2008(2)：233-235.

[16]高燕．认知发展阶段理论对教育实践的启示[J]．中小学心理健康教育，2018(11)：15-17.

[17]郭真礼．帮助孩子表达情绪[J]．家教世界，2021(8)：56-57.

[18]贺紫贤．小学一年级学生观点采择能力的绘本干预研究[D]．长沙：湖南师范大学，2017.

[19][美]霍克．改变心理学的40项研究[M]．白学军等，译．北京：中国人民大学出版社，2015.

[20]季成伟．巧用心理效应实现快乐记忆[J]．教育与教学研究，2013，27(6)：119-121.

[21]姬生凯，王雨宁．基于动作发展促进学前儿童与环境的互动[J]．教育导刊(下半月)，2020(12)：46-51.

[22]计伟．网络心理健康教育存在的问题及解决对策[J]．天天爱科学(教育前沿)，2020(3)：142.

[23]林彬，等．儿童社会观点采择能力发展的干预研究[J]．心理科学，2003，26(6)：1030-1033.

[24]李常胜．论家庭教育中青少年积极心理品质的培养[J]．智力，2021(13)：155-156.

[25]李珂．儿童语言学习理论的发展及其影响因素与策略[J]．学前教育研究，2016(7)：58-60.

[26]刘思思．浅析学前教育中游戏对儿童发展的重要性[J]．启迪与智慧

（教育），2018（2）：10.

[27]梁天慧．关注幼儿个体差异促进身心和谐发展[J]．甘肃教育，2016（16）：69.

[28]林雪．儿童关键期的家庭教育[J]．亚太教育，2015（35）：261.

[29]刘玉立．多元智力理论的智力观及其对家庭教育的启示[J]．广西青年干部学院学报，2012，22（2）：80-82.

[30]刘玥．浅谈生态系统理论对幼儿教育的启示[J]．教育现代化，2019（72）：266-268.

[31]孟四清．青少年生涯教育的目标与途径[J]．天津教育，2010（6）：42-43.

[32]牛小云．儿童不同成长发展阶段的家庭教育[J]．学周刊，2020（6）：189.

[33]彭聃龄．普通心理学[M]．北京：北京师范大学出版社，2012.

[34][美]帕帕拉，奥尔兹，费尔德曼．发展心理学：从生命早期到青春期[M]．李西营等，译．北京：人民邮电出版社，2013.

[35]邱月玲．加强特色课程建设，构建心理健康教育校本课程体系[J]．中小学心理健康教育，2016（22）：47-50.

[36]桑标．儿童发展心理学[M]．北京：高等教育出版社，2009.

[37]桑标．描述心理发展的三种途径[J]．华东师范大学学报（教育科学版），1997（1）：48-53.

[38]宋彩红．成功智力理论对家庭教育的启示[J]．山西煤炭管理干部学院学报，2007（3）：73-74.

[39]孙娜．不妨换个角度看孩子[J]．中小学心理健康教育，2011（14）：1.

[40]孙瑞雪．捕捉孩子的敏感期[M]．北京：中国妇女出版社，2013.

[41]孙煜明．试谈儿童的问题行为[J]．南京师范大学学报（社会科学版），1982（4）：13-18.

[42][美]斯腾伯格．成功智力[M]．吴国红，钱文，译．上海：华东师范大学出版社，1999.

[43]舒仙桃．家庭教育与幼儿情绪智力[J]．学前教育研究，2002（3）：18-20.

[44]孙未冉．艾宾浩斯遗忘曲线在学习中的应用[J]．科学大众（科学教育），2018（10）：32.

[45]陶金玲，陆佳静．儿童在语言发展关键期的教育指导策略[J]．汉字文化，2020（24）：127-128.

[46]谈丽娟．相信儿童的力量——大班沙水游戏案例分析[J]．课内外，2019（12）：58.

[47]万江．从吉布森的知觉学习理论看当前早期教育的问题[J]．成都教育学院学报，2001（2）：78-79.

[48]汪家园．我国幼儿教育领域中的游戏理论与实践探讨[J]．天津教育，2020（36）：132-133.

[49]王丽杰，王宏方．中小学情绪教育及其策略探析[J]．中小学心理健康教育，2010（7）：4-7.

[50]王晓宁．斯滕伯格智力理论简述[J]．吉林化工学院学报，2012，29（12）：105-108.

[51]王治国．试论多元智力理论对小学教育的启示[J]．新课程（小学），2018（7）：9.

[52][美]谢弗．发展心理学：儿童与青少年[M]．邹泓，译．北京：中国轻工业出版社，2009.

[53]许琼华，李奕芳．从依恋理论视角解析幼儿入园适应[J]．早期教育（教科研版），2013（3）：47-50.

[54]徐苑．强化理论在《现代教育技术》课程教学中的运用[J]．当代教育论坛（综合版），2010（2）：103-104.

[55]杨烁．教师期望效应在教育中的实施策略分析[J]．文学教育（下），2020（9）：42-43.

[56]应斯斯．试论小学心理健康教育校本课程的研究与实践[J]．课程教育研究，2019（52）：43.

[57]张阿丽.由中枢能量理论引发对儿童随意注意的浅析[J].时代教育，2014(15)：198，204+5.

[58]赵会娜.青少年生涯教育的必要性及措施[J].山西青年管理干部学院学报，2007(3)：24-26.

[59]张皓.学习效能感：在教师的评价渗透中养成[J].现代教育科学，2011(8)：24-25.

[60]訾红岩.童观点采择能力及其培养[J].中小学心理健康教育，2018(29)：25-27.

[61]赵兰芬.浅谈幼儿良好情绪智力的培养[J].科学咨询(教育科研)，2019(11)：118.

[62]张宁.组块构建记忆策略训练提高初中学生英语词汇学习质量的应用研究[D].济南：山东师范大学，2010.

[63]张蓉.弗洛伊德人格发展阶段理论对规范偏差行为的启示[J].产业与科技论坛，2017(6)：115-116.

[64]周士勤.系列位置效应研究及其对课堂教学的启示[J].教学与管理，2007(36)：48-50.

[65]张宁.组块构建记忆策略训练提高初中学生英语词汇学习质量的应用研究[D].济南：山东师范大学，2010.

[66]张万敏.埃里克森人格发展理论对中小学教育的启示[J].辽宁行政学院学报，2009(2)：69-70.

[67]张宇，王乃弋.小学生情绪社会化的发展及辅导策略[J].中小学心理健康教育，2020(29)：67-70.

[68]曾院珍.重点关注学生心理干预模式的构建——基于培养积极心理品质的视角[J].现代商贸工业，2021(24)：68-69.

[69] Bem, S. L., Gender Schema Theory：A Cognitive Account of Sex Typing[J]. *Psychological Review*, 1981, 88(4)：354-364.

[70] Davison, M. L., King, P. M., Kitchener, K. S., Parker, C. A. The Stage Sequence Concept in Cognitive and Social Development [J].

Developmental Psychology, 1980(14): 137-146.

[71] Dodge, K. A. , Coie, J. D. , Brakke, N. P. Behavior Patterns of Socially Rejected and Neglected Preadolecents: The Roles of Social Approach and Aggression[J]. *Journal of Abnormal Child Psychology*, 2004, 50(3): 389-409.

[72] Harter S. The Self[A]. In: Damon, W. , Lerner R. *Handbook of Child Psychology*[M]. New York: Wiley, 2006.

[73] Lerner, R. M. *Concepts and Theories of Human Development* [M]. New York: Random House, 2018: 146.